Analys 360

Grunderna av teorin om analytiska funktioner

Lars Hörmander
Föreläsningar höstterminen 1979
Matematiska Institutione
Lunds Universitet

Förord

Till hösten 1979 bestämde sig Lars Hörmander för att den dåvarande 3-betygskursen om analytiska funktioner som gick på Matematiska Institutionen i Lund inte var tillräckligt bra, och satte sig ner att skriva ett nytt förslag på kurs. Han föreläste den sedan under höstterminen, med undertecknad som ansvarig för konstruktion av ett övningsmaterial och som övningsledare. Kursmaterialet blev ingen direkt succé utan ersattes av något annat. Förmodligen ansågs det lite för radikalt, och kanske lite för omfattande.

Hörmanders ursprungliga föreläsningar med små omstuvningar är vad denna bok innehåller. Omstuvningarna är framför allt att vissa mer avancerade avsnitt har flyttats till bilagor samt att varje kapitel har fått en kort introduktion. Några små exempel har också lagts till, av vilka en del användes när kursen gick.

Innehåll

Många av de välbekanta funktionerna av en reell variabel har en naturlig utvidgning till komplex värden av variabeln. Detta gäller exempelvis för polynom

$$p(x) = \sum_{k=0}^{m} a_k x^k.$$

Räknelagarna för komplexa tal gör att $p(x)$ blir väldefinierad om vi låter x anta komplexa värden (vi tillåter komplexa koefficienter). Låt allmännare f vara en reell- eller komplexvärd funktion av en reell variabel och antag att f kan utvecklas i en konvergent potensserie

$$f(x) = \sum_{j=0}^{\infty} a_j x^j$$

då $-R < x < R$. Koefficienterna a_j är då bestämda av f genom

$$a_j = \frac{f^{(j)}(0)}{j!}.$$

Det är lätt att inse att potensserien $\sum a_j z^j$ också konvergerar för alla komplexa värden av z med $|z| < R$, och det är naturligt att utvidga definitionen av f till alla sådana z genom att sätta

$$f(z) = \sum_{j=0}^{\infty} a_j z^j \quad \text{då } |z| < R.$$

1

Exempel 0.1 Eftersom det för reella x gäller att

$$e^x = \sum_0^\infty \frac{x^j}{j!},$$

så definierar man för godtyckliga komplexa z

$$e^z = \sum_0^\infty \frac{z^k}{k!}.$$

Den fundamentala räkneregeln

$$e^{x_1}e^{x_2} = e^{x_1+x_2}$$

gäller då inte bara för reella x_j utan också för komplexa x_j. I båda fallen svarar den nämligen mot samma identitet för koefficienterna i potensserieutvecklingen (binomialteoremet).

Enligt Weierstrass sägs en komplexvärd funktion som är definierad i en omgivning av origo i det komplexa talplanet $\mathbb{C}$ vara analytisk där om den kan utvecklas i en konvergent potensserie. Vi har sett att en sådan funktion är bestämd av sina värden på reella axeln, och som i exemplet kan man vänta att identiteter där också är riktiga för komplexa variabler.

Varje polynom av en komplex variabel uppfyller en differentialekvation, för

$$\begin{cases} \dfrac{\partial p}{\partial x}(x+iy) = \displaystyle\sum_1^m ka_k(x+iy)^{k-1}, \\ \dfrac{\partial p}{\partial y}(x+iy) = i\displaystyle\sum_1^m ka_k(x+iy)^{k-1}, \end{cases}$$

vilket medför att

$$\left(\frac{\partial}{\partial x} + i\frac{\partial}{\partial y}\right)p(x+iy) = 0.$$

Detta kallas Cauchy-Riemanns differentialekvation. Man kan också sammanfatta detta som att

$$dp(x+iy) = p'(x+iy)(dx+idy), \quad \text{där } p'(z) = \sum_1^m ka_k z^{k-1}.$$

Detta är Cauchys definition av en analytisk funktion.

Man inser att även en konvergent potensserie har dessa egenskaper. Vi kommer att utgå från Cauchys definition av begreppet analytisk funktion för att senare visa ekvivalensen med Weierstrass' definition.

De komplexa talen

Introduktion

I detta inledande kapitel ska vi repetera definitionen av de komplexa talen, inklusive det utvidgade komplexa talplanet i vilket man lagt till en punkt i oändligheten. Därefter ska vi diskutera först komplexlineära avbildningar och därefter de viktiga brutna komplexlineära avbildningarna, de s.k. Möbiusavbildningarna.

Definitioner

Det tvådimensionella euklidiska planet $\mathbb{R}^2$ blir det komplexa talplanet $\mathbb{C}$ om man till vektoraddition fogar multiplikationen som definieras av

$$(x,y) \cdot (\xi,\eta) = (x\xi - y\eta, x\eta + y\xi).$$

Med matrisbeteckningar kan vi också skriva produkten som

$$\begin{pmatrix} x & -y \\ y & x \end{pmatrix} \begin{pmatrix} \xi \\ \eta \end{pmatrix}.$$

Den första definitionen visar genast att multiplikationen är *kommutativ*, alltså att

$$(x,y) \cdot (\xi,\eta) = (\xi,\eta) \cdot (x,y),$$

5

och *associativiteten*, d.v.s.

$$(X, Y) \cdot ((x, y) \cdot (\xi, \eta)) = ((X, Y) \cdot (x, y)) \cdot (\xi, \eta),$$

följer av direkt räkning som blir något kortare om man observerar att

$$\begin{pmatrix} X & -Y \\ Y & X \end{pmatrix} \begin{pmatrix} x & -y \\ y & x \end{pmatrix} = \begin{pmatrix} Xx - Yy & -(Xy + Yx) \\ Xy + Yx & Xx - Yy \end{pmatrix}.$$

Distributiviteten hos multiplikationen är självklar.

Eftersom $(1, 0)$ är en enhet för multiplikationen betecknar vi detta komplexa tal med 1. Allmännare identifierar vi varje reellt tal a med det komplexa talet $(a, 0)$ och kallar x-axeln för den reella axeln. Identifikationen är legitim eftersom

$$(a, 0) + (b, 0) = (a + b, 0), \qquad (a, 0) \cdot (b, 0) = (ab, 0).$$

Med beteckningen $i = (0, 1)$ kan vi nu skriva

$$(x, y) = (x, 0) + (0, y) = x + iy$$

och $i^2 = (-1, 0) = -1$. I fortsättningen skriver vi de komplexa talen i formen $x + iy$ och räknar med dem enligt regeln $i^2 = -1$.

Om $z = x + iy$ så kallas $\bar{z} = x - iy$ för det kon-jugerade talet. Geometriskt är det spegelbilden av z i den reella axeln. Vi har att

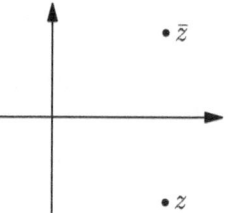

(1.1) $\qquad z\bar{z} = x^2 + y^2 = |z|^2$

där $|z| = \sqrt{x^2 + y^2}$ betecknar den euklidiska normen som också kallas *absolutbeloppet* för z. Härav följer att varje $z \neq 0$ har en invers

$$z^{-1} = |z|^{-2}\bar{z}.$$

De komplexa talen bildar alltså en kropp. Då $z \neq 0$ skriver vi

$$\frac{w}{z} = w \cdot z^{-1}$$

och får $z\dfrac{w}{z} = w$. Av (1.1) följer också genast att

(1.2) $\qquad\qquad\qquad |zw| = |z||w|.$

För komplexkonjugering gäller vidare att

(1.3) $\qquad \overline{zw} = \bar{z}\bar{w} \quad$ och $\quad \overline{\left(\dfrac{z}{w}\right)} = \dfrac{\bar{z}}{\bar{w}}$ om $w \neq 0$.

Exempel 1.1 Ekvationen för en rät linje L i $\mathbb{C}$ kan skrivas

(1.4) $$\operatorname{Re}\bar{a}z = c$$

där $a \in \mathbb{C}\setminus\{0\}$ och c är ett reellt tal, för om vi skriver $a = A + iB$ och $z = x + iy$ så kan (1.4) skrivas i formen

$$Ax + By = c.$$

Observera att a är vinkelrät mot linjen. Vi kan också skriva (1.4) i formen

$$\bar{a}z + a\bar{z} = 2c.$$

Ekvationen

(1.5) $$\bar{a}z + a\bar{w} = 2c$$

betyder att w och z är varandras spegelbilder med avseende på linjen L.

Realdelen av ekvationen,

$$\operatorname{Re}\bar{a}\frac{w + z}{2} = c,$$

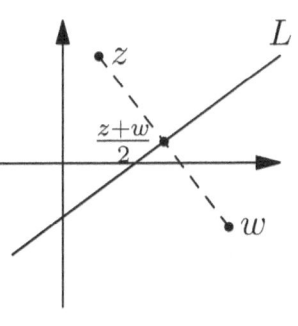

betyder nämligen att $(w + z)/2$ ligger på L medan att imaginärdelen $\operatorname{Im}\bar{a}(w - z) = 0$ betyder att $w - z$ är proportionell mot a, alltså riktad längs normalen till L[1].

Exempel 1.2 Ekvationen för cirkeln med medelpunkt a och radie R kan skrivas

(1.6) $$|z - a|^2 = R^2,$$

eller, om vi använder (1.1),

$$z\bar{z} - \bar{a}z - a\bar{z} + |a|^2 - R^2 = 0.$$

I analogi med exempel 1.1 säger man att z och w är varandras spegelbilder i cirkeln om denna ekvation gäller med $\bar{z}$ ersatt av $\bar{w}$, alltså om

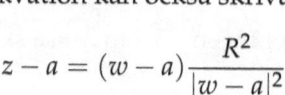

(1.7)
$$0 = (z - a)(\bar{w} - \bar{a}) - R^2 =$$
$$a\bar{w} - \bar{a}z - a\bar{w} + |a|^2 - R^2.$$

Denna ekvation kan också skrivas

$$z - a = (w - a)\frac{R^2}{|w - a|^2}$$

så $z - a$ och $w - a$ har samma riktning och

$$|z - a||w - a| = R^2.$$

Avbildningen $z \to w$ kallas *inversion* i cirkeln. Den lämnar punkter på cirkeln fixa och är sin egen invers.

En ekvation av typen

(1.8) $$az\bar{z} + \bar{b}z + b\bar{z} + c = 0$$

med a och c reella och någon av koefficenterna $\neq 0$ betyder alltid en rät linje, en cirkel, en punkt eller tomma mängden. För om $a = 0$ och $b \neq 0$ så har vi en rät linje som i exempel 1.1. Om $a = b = 0$ och $c \neq 0$ har vi tomma mängden. Om $a \neq 0$ kan vi dividera med a och skriva (1.8) i formen

$$\left|z + \frac{b}{a}\right|^2 = \frac{|b|^2}{a^2} - \frac{c}{a}.$$

Det betyder en cirkel med medelpunkt $-b/a$ och radien $\sqrt{\frac{|b|^2}{a^2} - \frac{c}{a}}$ om $|b|^2 > ac$, punkten $-b/a$ om $|b|^2 = ac$ och tomma mängden om $|b|^2 < ac$. Om (1.8) är ekvationen för en cirkel eller linje, så betyder

(1.9) $$az\bar{w} + \bar{b}z + b\bar{w} + c = 0$$

att w och z är varandras spegelbilder i denna. Diskussionen ovan visar också att en olikhet av typen

(1.10) $$az\bar{z} + \bar{b}z + b\bar{z} + c < 0$$

alltid betyder det inre eller yttre av en cirkel eller en punkt, ett öppet halvplan eller den tomma mängden. Ibland kallar man alla dessa mängder sammanfattande för cirkelområden.

Exempel 1.3 För att bestämma spegelbilden z^* av punkten $z = i$ i cirkeln $|z + 1| = 3$ kan vi gå tillväga på (minst) tre olika sätt:

Geometriskt. Avståndet från i till medelpunkten $z_0 = -1$ är $\sqrt{2}$, och argumentet för $i - z_0$ är $\pi/4$. Då radien är 3 ska $z^* - z_0$ ha absolutbeloppet $3^2/\sqrt{2}$ och argumentet $\pi/4$, så att

$$z^* - z_0 = \frac{9}{\sqrt{2}} e^{i\frac{\pi}{4}} = \frac{9}{2}(1 + i).$$

Alltså gäller att

$$z^* = \frac{7 + 9i}{2}.$$

Analytiskt. Rent analytiskt gör vi följande räkning:

$$z^* - z_0 = \frac{3^2}{\overline{z - z_0}} = \frac{9}{\overline{1 + i}} = \frac{9}{2}(1 + i)$$

som ger samma z^* som ovan.

Analytiskt alternativ. Ekvationen för cirkeln kan skrivas

$$(z + 1)(\overline{z + 1}) = 9 \quad \Longleftrightarrow \quad z\bar{z} + z + \bar{z} = 8.$$

z^* ges därför som lösning av ekvationen $z^*\bar{z} + z^* + \bar{z} = 8$, vilket ger att

$$z^* = \frac{8 + i}{1 - i} = \frac{9}{2}(7 + 9i).$$

Vilken av de tre metoderna man väljer i ett givet fall beror på hur cirkelns ekvation är given och hur enkel den geometriska situationen är.

Lineära avbildningar i planet

Låt oss nu för ett fixt komplext tal a betrakta avbildningen M_a (multiplikation med a) definierad av

(1.11) $\mathbb{C} \ni z \mapsto az \in \mathbb{C}.$

Enligt den distributiva lagen är den en lineär avbildning $\mathbb{R}^2 \to \mathbb{R}^2$ och vi har sett att matrisen för M_a är

(1.12) $\begin{pmatrix} \operatorname{Re} a & -\operatorname{Im} a \\ \operatorname{Im} a & \operatorname{Re} a \end{pmatrix}.$

Vi uttrycker nu a med polära koordinater $a = r\cos\theta + ir\sin\theta$ där $r = |a|$ är *absolutbeloppet* för a och $\theta = \arg a$ kallas för *argumentet*. Detta är bara definierat modulo $2\pi\mathbb{Z}$, d.v.s. så när som på en additiv multipel av 2π, om $a \neq 0$ och är helt odefinierat om $a = 0$. Matrisen (1.12) kan nu också skrivas

$$(1.13) \qquad\qquad r\begin{pmatrix} \cos\theta & -\sin\theta \\ \sin\theta & \cos\theta \end{pmatrix}.$$

Den lineära avbildningen M_a är därför sammansatt av en *vridning* med vinkeln θ i positiv riktning (moturs) och en *förstoring* i skalan r till 1. Detta ger att då $az \neq 0$ gäller att

$$(1.14) \qquad\qquad \arg az = \arg a + \arg a \mod 2\pi\mathbb{Z}.$$

Vi ser att avbildningen M_a då $a \neq 0$ är vinkelbevarande (konform) och orienteringsbevarande: för godtyckliga $z_1, z_2 \neq 0$ är den orienterade vinkeln mellan vektorerna $M_a z_1$ och $M_a z_2$ lika med den mellan vektorerna z_1 och z_2.

Omvänt är varje sådan lineär avbildning M i $\mathbb{R}^2$ av formen (1.12). En cirkel med given diameter är nämligen orten för punkter där vektorerna till diameterns ändpunkter är vinkelräta. En konform lineär avbildning överför den i en kurva med samma egenskap, alltså en cirkel. Vi har därför med en konstant r att $|Mz| = r$ då $|z| = 1$ så M/r är en ortogonal avbildning som bevarar orienteringen, vilket visar att M är av formen (1.13). Sammanfattningsvis har vi därför:

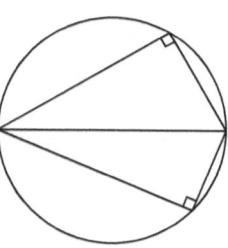

> ## Sats 1.1
>
> En lineär avbildning $\mathbb{R}^2 \to \mathbb{R}^2$ är konform och orienteringsbevarande om och endast om dess matris är på formen (1.12), alltså avbildningen är av formen (1.11).

Om matrisen betecknas $(a_{jk})_{j,k=1}^2$ så är villkoret att

$$(1.15) \qquad\qquad a_{11} = a_{22}, \quad a_{12} + a_{21} = 0.$$

En godtycklig lineär avbildning $L\colon \mathbb{C} \to \mathbb{C}$ kan skrivas

$$(1.16) \qquad\qquad L(z) = L_1 x + iL_2 y, \quad z = x + iy,$$

där $L_1 = L(1)$ och $L_2 = L(i)$. Vi har

(1.17) $$x = \operatorname{Re} z = \frac{z + \bar{z}}{2}, \quad y = \operatorname{Im} z = \frac{z - \bar{z}}{2i},$$

och kan därför skriva om (1.16) i formen

(1.18) $$L(z) = w_1 z + w_2 \bar{z}$$

där

(1.19) $$w_1 = \frac{L_1 - iL_2}{2}, \quad w_2 = \frac{L_1 + iL_2}{2}.$$

Vi ser därför att villkoren i sats 1.1 också är ekvivalenta med att

(1.20) $$L_1 + iL_2 = 0.$$

Möbiusavbildningar.

I detta avsnitt skall vi behandla en allmännare klass av avbildningar än (1.11), nämligen

(1.21) $$z \mapsto w = \frac{az + b}{cz + d}.$$

Vi antar att determinanten inte är 0, alltså att[2]

(1.22) $$ad - bc \neq 0,$$

för annars är täljare och nämnare proportionella och w är då oberoende av z. Speciellt medför (1.22) att c och d inte båda är 0. Om $c = 0$ så blir (1.21) definierad för alla z medan om $c \neq 0$ så är (1.21) definierad för alla $z \neq -d/c$. Då $z \to -d/c$ går $az + b$ mot $(bc - ad)/c \neq 0$ varför $w \to \infty$. Vidare går w mot a/c då $z \to \infty$, för

$$w - \frac{a}{c} = \frac{bc - ad}{c(cz + d)} \to 0.$$

Vi kan lösa ut z ur (1.21) och får

(1.23) $$z = \frac{dw - b}{a - cw}.$$

Om vi utvidgar det komplexa talplanet med en punkt ∞ så ser vi att (1.21) och (1.23) definierar inversa avbildningar av det utvidgade komplexa talplanet på sig självt. Vi betecknar det utvidgade komplexa talplanet med $\widehat{\mathbb{C}} = \mathbb{C} \cup \{\infty\}$.

En god geometrisk bild av det utvidgade planet $\widehat{\mathbb{C}}$ ges av en sfär i $\mathbb{R}^3$ enligt figuren. Om vi projicerar sfären på xy-planet från nordpolen så får vi en en-entydig motsvarighet mellan sfären med nordpolen borttagen och det ändliga

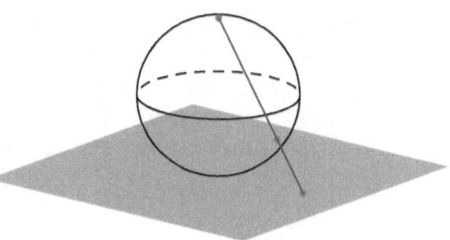

planet $\mathbb{C}$. Då man närmar sig nordpolen närmar sig motsvarande punkt i $\mathbb{C}$ oändligheten, varför man kan uppfatta nordpolen som punkten ∞. Vi skall senare återkomma till denna *stereografiska projektion*.

Låt oss nu studera egenskaperna hos (1.21) närmare. Om $c = 0$ har vi att

$$w = (a/d)z + b/a,$$

vilket enligt ovan betyder en vridning och förstoring följd av en translation, svarande mot b/d. Låt oss nu anta att $c \neq 0$. Då är

$$w = \frac{a}{c} + \frac{bc - ad}{c(cz + d)}$$

så avbildningen $z \to w$ är sammansatt av

translationen $z \to z' = z + d/c$

inversen $z' \to z'' = 1/z'$

multiplikationen $z'' \to w' = \frac{bc-ad}{c^2}z$

translationen $w' \to w = w' + a/c.$

Vi har redan diskuterat dem, bortsett från inversen.

Inversen

$$\frac{1}{z} = \frac{\bar{z}}{|z|^2}$$

är spegelbilden i reella axeln av punkten $z^* = \dfrac{z}{|z|^2}$ som är spegelbilden av z i enhetscirkeln och alltså har samma riktning som z. Avbildningen $z \to z^*$ är ett specialfall av avbildningen

(1.24) $$\mathbb{R}^n \setminus \{0\} \ni x \mapsto x^* = \frac{x}{|x|^2} \in \mathbb{R}^n \setminus \{0\}$$

som är intressant för alla $n > 1$. Den kallas *inversionen* i enhetssfären och x^* kallas för spegelbilden av x i enhetssfären. Observera att x är spegelbilden av x^* eftersom $|x^*| = 1/|x|$ medför att

$$\frac{x^*}{|x^*|^2} = x|x|^{-2}|x|^2 = x.$$

Om $t \to x(t)$ är en parametrisering av en C^1 kurva γ så blir[3]

$$\frac{d}{dt}x(t)^* = x'|x|^{-2} - 2x|x|^{-4}(x|x') = |x|^{-2}(x' - 2\frac{(x|x')x}{|x|^2}).$$

Bortsett från en faktor $|x|^{-2}$ får vi alltså tangenten till den speglade kurvan genom att spegla tangentvektorn $x'(t)$ i punkten $x(t)$ till γ i det tangentplan till sfären med centrum i 0 som går genom $x(t)$. Vi har därmed bevisat

---

Sats 1.2

Inversionen (1.24) är konform, d.v.s. den överför skärande kurvor i kurvor som skär varandra med oförändrad vinkel.

I fallet $n = 2$ kan vi tala om den orienterade vinkeln mellan två vektorer som den vinkel θ med $0 \le \theta < 2\pi$ som man måste vrida v_1 i positiv led för att få riktningen av v_2. Inversionen utbyter vinkeln θ mot $2\pi - \theta$ eftersom spegling i en linje gör det, men om man sammansätter med spegling i en ny linje, som vid bildningen av inversen $1/z = \bar{z}/|z|^2$, så återfås den ursprungliga vinkeln.

Sats 1.3

Avbildningen (1.21) är under villkoret (1.22) alltid konform och orienteringsbevarande. Den överför ett godtyckligt cirkelområde D i ett cirkelområde D' och varje par z_1, z_2 av spegelpunkter med avseende på randen av D i ett par w_1, w_2 av spegelpunkter med avseende på randen av D'.

Bevis. Enligt satserna (1.1) och (1.2) samt diskussionen ovan vet vi att (1.21) är sammansättningen av konforma och orienteringsbevarande avbildningar, vilket bevisar det första påståendet. För att bevisa det andra betraktar vi ett cirkelområde som definieras av

$$Az\bar{z} + B\bar{z} + \bar{B}z + C < 0.$$

Om vi sätter in uttrycket (1.23) för z får vi att

$$0 > A(dw-b)\overline{(dw-b)} + B(a-cw)\overline{(dw-b)} + \bar{B}(dw-b)\overline{(a-cw)} +$$

$$C(a-cw)\overline{(a-cw)} = A'w\bar{w} + B'\bar{w} + \bar{B}'w + \bar{C},$$

vilket definierar ett cirkelområde D' i w-planet. Vidare medför

$$Az_1\overline{z_2} + B\overline{z_2} + \bar{B}z_1 + C = 0,$$

efter en analog räkning som lämnas åt läsaren, att för motsvarande punkter w_1, w_2 gäller

$$A'w_1\overline{w_2} + B'\overline{w_2} + \bar{B}'w_1 + C' = 0,$$

så w_1 och w_2 är spegelpunkter med avseende på randen för D'. $\quad\square$

Definition 1

Avbildningen (1.21) kallas för en Möbiusavbildning om (1.22) är uppfylld.

Exempel 1.4 En spegling i en linje är inte en Möbiusavbildning eftersom den inte är orienteringsbevarande. Detsamma gäller avbildningen $z \mapsto \bar{z}$.

Möbiusavbildningarna bildar en grupp G, d.v.s. inversen till ett element i G och sammansättningen av element ur G är också i G. Vi har redan sett att inversen (1.23) är en Möbiusavbildning. Om vi observerar att (1.21) innebär att $w = w_1/w_2$ om $z = z_1/z_2$ och

$$\begin{pmatrix} w_1 \\ w_2 \end{pmatrix} = \begin{pmatrix} a & b \\ c & d \end{pmatrix} \begin{pmatrix} z_1 \\ z_2 \end{pmatrix}$$

så är det klart att om man till (1.21) tillordnar matrisen

$$\begin{pmatrix} a & b \\ c & d \end{pmatrix}$$

så är (1.21) följd av Möbiusavbildningen med matrixen

$$\begin{pmatrix} a' & b' \\ c' & d' \end{pmatrix}$$

lika med Möbiusavbildningen med matrisen

$$\begin{pmatrix} a' & b' \\ c' & d' \end{pmatrix} \begin{pmatrix} a & b \\ c & d \end{pmatrix}.$$

För denna är determinanten lika med produkten av faktorernas determinanter, varför produkten uppfyller (1.22).

Gruppen av Möbiusavbildningar på $\mathbb{C}$ betecknar vi Möb$(\mathbb{C})$.

Sats 1.4

Givet tre olika punkter $z_1, z_2, z_3 \in \mathbb{C} \cup \infty$ och ytterligare en sådan trippel w_1, w_2, w_3, så finns en och endast en Möbius-avbildning som överför z_j i w_j för $j = 1, 2, 3$.

Bevis. Vi visar först existensen i det speciella fallet då $w_1 = 0$, $w_2 = 1$ och $w_3 = \infty$. Då kan vi ta avbildningen

$$z \to \frac{(z - z_1)(z_2 - z_3)}{(z_2 - z_1)(z - z_3)}$$

om alla z_j är ändliga; modifikationerna i andra fall lämnas åt läsaren.

Låt oss nu visa entydigheten om dessutom $z_j = w_j$ för $j = 1, 2, 3$. Att (1.21) bevarar ∞ medför att $c = 0$, vi får att $b = 0$ eftersom 0 bevaras och slutligen att $a = d$ eftersom även 1 bevaras. Av dessa specialfall följer nu den allmänna satsen. För att se detta väljer vi en Möbiusavbildning T_1 som överför z_1, z_2, z_3 i $0, 1, \infty$, och en annan T_2 som överför w_1, w_2, w_3 i $0, 1, \infty$. Då har $T = T_2^{-1} T_1$ den önskade egenskapen. Omvänt, om T har egenskaperna i satsen så överför $S = T_2 T T_1^{-1}$ punkterna $0, 1, \infty$ i sig själva, så S är identiteten och $T = T_2^{-1} T_1$. Detta fullbordar beviset. $\qquad \square$

Exempel 1.5 Bestäm en Möbiusavbildning som avbildar punkterna $i, i-2$ och -1 på $2, (3-i)/2$ respektive $2-i$.

För detta bestämmer vi först en Möbiusavbildning som avbildar $i, i-2$ och -1 på $0, 1, \infty$. Den ges av $z \mapsto Z$, där

$$Z = \frac{(z-i)(i-2+1)}{(z+1)(i-2-i)} = \frac{(z-i)(1-i)}{2(z+1)}.$$

Möbiusavbildningen som avbildar $2, \frac{3-i}{2}, 2-i$ på $0, 1, \infty$ ges av $w \mapsto Z$, där

$$Z = \frac{(w-2)(\frac{3-i}{2}-2+i)}{(w-2+i)(\frac{3-i}{2}-2)} = \frac{(w-2)(1-i)}{(w-2+i)(1+i)}.$$

Den sökta avbildningen är sammansättningen $z \mapsto Z \mapsto w$ och ges alltså av

$$\frac{(w-2)(1-i)}{(w-2+i)(1+i)} = \frac{(z-i)(1-i)}{2(z+1)}$$

vilket då vi löser ut w ger

$$w = \frac{z+3i}{z+i}.$$

Exempel 1.6 Bestäm en Möbiusavbildning som avbildar cirkeln $|z+i| = 2$ på cirkeln $|w-1| = 1$ och punkterna $i, -1$ på 2 respektive $2-i$.

Punkten i ligger på cirkeln $|z+i| = 2$, men det gör inte punkten -1. Dess avstånd till medelpunkten är $\sqrt{2}$, så spegelpunktens avstånd dit är $4/\sqrt{2} = 2\sqrt{2}$. Spegelpunkten är därför

$$-i + 2(-1-(-i)) = i - 2.$$

Denna punkt måste alltså avbildas på spegelpunkten av $2-i$ i cirkeln $|w-1| = 1$, som är

$$1 + \frac{1}{2}(2-i-1) = \frac{3-i}{2}.$$

Möbiusavbildningen ska alltså ha egenskaperna i föregående exempel, så vi får samma svar som där.

Egentligen borde man nu verifiera att Möbiusavbildningen $w = (z + 3i)/(z + i)$ verkligen avbildar cirklarna på varandra. Emellertid måste det principiellt vara så, för givet en cirkel C, en inre punkt z_1 och en randpunkt z_2 samt en annan cirkel C', en inre punkt z_1' och en randpunkt z_2' så finns alltid en Möbiusavbildning som avbildar C på C', z_1 på z_1' och z_2 på z_2'. Det räcker att bevisa detta då C' är enhetscirkeln, $z_1' = 0$ och $z_2' = 1$. Det finns en Möbiusavbildning T som avbildar C på C'. Vi kan sedan välja en Möbiusavbildning som avbildar Tz_1 på 0 och C' på sig själv (Sats 1.6) och slutligen en rotation R som avbildar STz_2 på 1. Då har RST den önskade egenskapen. Entydigheten följer också av detta bevis.

Exempel 1.7 Finns det en Möbiusavbildning som överför cirkeln $|z| = 1$ på imaginära axeln samt avbildar $0, 2$ på 1 respektive -2?

En sådan Möbiusavbildning måste avbilda spegelbilden ∞ av 0 i enhetcriekln på spegelbilden -1 av 1 i imaginära axeln samt spegelbilden $1/2$ av 2 i enhetscirkeln på spegelbilden 2 av -2 i imaginära axeln. Alltså $0, \infty, 2, \frac{1}{2} \mapsto 1, -1, -2, 2$. Detta är fler krav än man i allmänhet kan uppfylla så frågan är om det ändå går av en slump. Möbiusavbildningen $z \mapsto w$ som avbildar $0, 2, \infty$ på $1, -2, -1$ är

$$\frac{z}{2} = \frac{w - 1}{3(w + 1)},$$

så $w = 2$ svarar mot $z = 9/2$. Det finns därför ingen sådan Möbiusavbildning.

Vi skall nu beskriva några speciellt viktiga grupper av Möbiusavbildningar. Vi låter $\mathbb{H}$ beteckna det övre halvplanet om de z för vilka $\operatorname{Im} z > 0$.

Sats 1.5

Möbiusavbildningen (1.21) överför halvplanet $\mathbb{H}$ i sig självt
om koefficienterna är reella och

(1.25) $ad - bc > 0.$

Omvänt kan alla Möbiusavbildning som överför halvplanet $\mathbb{H}$
i sig självt skrivas så.

Bevis. Eftersom $0, 1, \infty$ övergår i punkter på $\mathbb{R}$ så följer av beviset för
sats 1.4 att de aktuella Möbiustransformationerna kan skrivas med
reella koefficienter. Nu medför (1.21) om koefficienterna är reella att

$$2i \operatorname{Im} w = w - \bar{w} = \frac{az + b}{cz + d} - \frac{a\bar{z} + b}{c\bar{z} + d} = \frac{(ad - bc)2i \operatorname{Im} z}{|cz + d|^2}$$

vilket genast visar att $ad - bc > 0.$ □

Anmärkning De Möbiusavbildningar som överför $\mathbb{H}$ i sig ut-
gör en undergrupp till Möb($\mathbb{C}$), vilken vi betecknar Möb($\mathbb{H}$).

Sats 1.6

Möbiusavbildningarna som överför enhetscirkelskivan $\mathbb{D} =$
$\{z;\ |z| < 1\}$ i sig är av formen

(1.26) $z \to w = \dfrac{a(z - \zeta)}{1 - \bar{z}\zeta}$

där $|\zeta| < 1$ och $|a| = 1.$

Bevis. Om avbildningen överför ζ i 0 så överförs spegelpunkten $1/\bar{\zeta}$
i spegelpunkten ∞, så avbildningen har formen (1.26) med någon
konstant a. Om $|a| = 1$ så följer av (1.26) att

$$(|w|^2 - 1)|1 - z\bar{\zeta}|^2 = |z - \zeta|^2 - |1 - z\bar{\zeta}|^2 = (|z|^2 - 1)(1 - |\zeta|^2),$$

så (1.26) överför enhetscirkeln på sig själv om $|a| = 1$. I allmänhet
överförs enhetscirkeln därför i cirkeln med radien $|a|$, vilket fullbor-
dar beviset. □

En Möbiusavbildning som överför övre halvplanet i enhetscirkelskivan och punkten $\zeta \in \mathbb{H}$ i 0 måste överföra spegelpunkten $\bar{\zeta}$ av ζ i reella axeln i spegelpunkten ∞ av 0 i enhetscirkeln. Den måste alltså ha formen

$$z \to w = \frac{a(z - \zeta)}{z - \bar{\zeta}}$$

och eftersom $|w| = |a|$ då z är reell blir detta en avbildning på enhetscirkeln om och endast om $|a| = 1$.

Låt oss till sist återvända till den stereografiska projektionen. Av Pytagoras sats (eller likformiga trianglar) följer med beteckningarna i figuren att $rr' = 1$. Detta innebär att punkterna P' och P är varandras spegelbilder i enhetssfären med centrum i nordpolen $(0, 0, 1)$. Enligt sats 1.2 är därför den stereografiska projek-

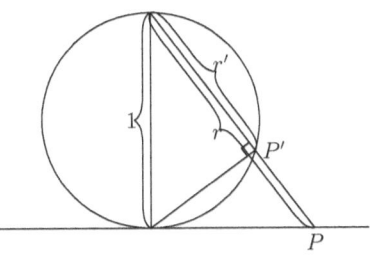

tionen en konform avbildning av sfären på planet. En cirkel på sfären är skärningen mellan sfären och ett plan. Nu är spegelbilden av varje plan som inte går genom polen en sfär som går genom denna. Vi har just sett att detta gäller för xy-planet och varje annat plan kan överföras i detta genom en skaländring och en rotation. Spegelbilden av ett plan genom polen är däremot planet självt. Det följer därför genast att den stereografiska projektionen överför en cirkel på sfären som inte går genom polen i skärningen mellan xy-planet och en sfär, alltså i en cirkel. En cirkel genom nordpolen överförs däremot i en rät linje. Vi har alltså bevisat

---

Sats 1.7

Den stereografiska projektionen är konform och överför cirklar på sfären i cirklar i planet, bortsett från att cirklar genom polen övergår i linjer i planet.

Repetition av differentialkalkylen

Introduktion

I detta kapitel ska vi kort repetera de viktigaste definitionerna och egenskaperna kring differentierbara funktioner, vilka kommer att blir grunden för diskussionen om analytiska funktioner i nästa kapitel.

Differential av en avbildning $\mathbb{R}^n \to \mathbb{R}^m$

Låt f vara en funktion som är definierad i en öppen mängd $X \subset \mathbb{R}^n$ och har värden i $\mathbb{R}^m$. Man säger då att f är differentierbar i punkten $x \in X$ om det finns en lineär transformation T från $\mathbb{R}^n$ till $\mathbb{R}^m$ så att

(2.1) $\qquad f(x+h) - f(x) - Th = o(|h|) \quad$ då $h \to 0$,

alltså om

(2.2) $\qquad (f(x+h) - f(x) - Th)/|h| \to 0 \quad$ då $|h| \to 0$.

Kravet är alltså att f skall kunna approximeras väl med en lineär funktion. Om vi ersätter h med ϵh så får vi då $\epsilon \to 0$ att

(2.3) $\qquad Th = \lim_{\epsilon \to 0}(f(x+\epsilon h) - f(x))/\epsilon$

med konvergens som är likformig med avseende på h då $|h| \leq 1$. Detta är ekvivalent med att f är differentierbar.

21

Om e_j är den j:te enhetsvektorn, med j:te koordinater 1 och övriga koordinater 0, så följer av (2.3) då vi tar $h = e_j$ att

$$\frac{\partial f}{\partial x_j}(x) = Te_j.$$

De partiella derivatorna existerar alltså och

(2.4) $$Th = \sum_1^n \frac{\partial f}{\partial x_j}(x)\, h_j.$$

Existens av de partiella derivatorna i en punkt medför däremot inte differentierbarhet där, men vi har ett något svagare resultat:

Sats 2.1

Om $\partial f/\partial x_j$ existerar för varje $x \in X$ och är en kontinuerlig funktion av x, då $j = 1,\dots,n$ så är f differentierbar med differentialen (2.4) i x.

Bevis. Med beteckningen $\partial_j f = \partial f/\partial x_j$ har vi

$$f(x+h) - f(x) = \sum_1^n (f(x_1 + h_1, \dots, x_k + h_k, x_{k+1}, \dots x_n) -$$

$$f(x_1 + h_1, \dots, x_{k-1} + h_{k-1}, x_k, \dots, x_n))$$

$$= \sum_1^n h_k \int_0^1 \partial_k f(x_1 + h_1, \dots, x_{k-1} + h_{k-1}, x_k + th_k, x_{k+1}, \dots, x_n)\, dt.$$

För varje $\delta > 0$ har vi att

$$|\partial_k f(x_1 + h_1, \dots, x_{k-1} + h_{k-1}, x_k + th_k, x_{k+1}, \dots, x_n) - \partial_k f(x)| < \delta$$

om $0 < t < 1$ och $|h|$ är tillräckligt litet. Vi får då att

$$|f(x+h) - f(x) - \sum_1^n h_k \partial_k f(x)| \le \delta \sum_1^n |h_k|,$$

vilket visar att f är differentierbar. □

Det är opraktiskt att behöva införa en särskild beteckning för differentialen. Man betecknar därför i allmänhet differentialen av f i x med $df(x)$ istället för med T som ovan, och (2.4) kan då skrivas

$$(df(x))h = \sum_1^n \frac{\partial f}{\partial x_j}(x)h_j.$$

Speciellt har vi för den lineära koordinatfunktionen x_j från $\mathbb{R}^n \to \mathbb{R}$ att $(dx_j)h = h_j$, så vi kan skriva denna likhet i formen

$$(df(x))h = \sum_1^n \frac{\partial f}{\partial x_j}(x)(dx_j)h$$

eller, om vi utelämnar h,

(2.5) $$df(x) = \sum_1^n \frac{\partial f}{\partial x_j}(x)dx_j.$$

Här är $df(x)$ en lineär transformation $\mathbb{R}^n \to \mathbb{R}^m$, dx_j en lineär form $\mathbb{R}^n \to \mathbb{R}$ och $\partial f(x)/\partial x_j \in \mathbb{R}^m$.

Om vi skriver $f = (f_1, \ldots, f_m)$ så är det klart att f är differentierbar om och endast om de reellvärda komponenterna f_j alla är det. Det är därför ofta tillräckligt att anta $m = 1$ vid diskusssionen av differentierbara funktioner.

Sats 2.2

Om f och g tillhör $C^1(X, \mathbb{R})$ så följer att $f + g$ och fg också gör det, och att

$$d(f + g) = df + dg, \quad d(fg) = fdg + gdf.$$

Om $f \neq 0$ så är $1/f$ differentierbar och $d(1/f) = -f^{-2}df.$

Bevis. Enligt sats 2.1 följer detta av motsvarande välkända satser för funktioner av en variabel.   □

Låt nu $f_\nu \in C(X, \mathbb{R})$ vara en följd av kontinuerliga reellvärda funktioner på X. Man säger att $f_\nu \to f$ likformigt på kompakta delmängder av X om det för varje sådan mängd K och för varje $\epsilon > 0$ finns heltal $N(\epsilon, K)$ så att

$$\sup_K |f_\nu - f| < \epsilon \quad \text{då } \nu > N(\epsilon, K).$$

Funktionen f är då automatiskt kontinuerlig.

Sats 2.3

Antag att $f_\nu \in C^1(X, \mathbb{R}^m)$, att $f_\nu \to f$ och att $\partial f_\nu / \partial x_j \to g_j$ likformigt på kompakta delmängder av X då $\nu \to \infty$ för $j = 1, \ldots, n$. Då följer att $f \in C^1(X, \mathbb{R}^m)$ och att $\partial f / \partial x_j = g_j$, för $j = 1, \ldots, n$.

Bevis. Det räcker att bevisa detta då $m = 1$. Vi vet att f och g_j är kontinuerliga så det räcker enligt sats 2.1 att bevisa att $\partial f / \partial x_j = g_j$. Vi kan därför också anta att $n = 1$ och att X är ett intervall på reella axeln. För $x, y \in X$ har vi då

$$f_\nu(x) - f_\nu(y) = \int_y^x f_\nu'(t)\, dt.$$

Då $\nu \to \infty$ får vi nu, eftersom $f_\nu' \to g$ likformigt i $[y, x]$, att

$$f(x) - f(y) = \int_y^x g(t)\, dt$$

vilket medför att $f'(x) = g(x)$. $\qquad\square$

Man kan ofta verifiera likformig konvergens med hjälp av följande enkla sats.

Sats 2.4: Weierstrass' majorantsats

Om $\sum_1^n a_k < \infty$ och $|u_k(x)| \le a_k$ för alla $x \in K$, så konvergerar delsummorna

$$s_n(x) = \sum_0^n u_k(x)$$

likformigt då $x \in K$ mot summan av motsvarande oändliga serie.

Bevis. Den oändliga serien konvergerar på grund av jämförelsekriteriet. Om dess summa är $s(x)$ så har vi för alla $x \in K$

$$|s(x) - s_n(x)| \le \sum_{n+1}^\infty a_k \to 0 \quad \text{då } n \to \infty$$

vilket bevisar satsen. $\qquad\square$

Kedjeregeln och inversa funktionssatsen

Begreppet differentiabel funktion är valt så att studiet av sammansatta funktioner blir mycket enkelt. Låt $f \in C^1(X, \mathbb{R}^m)$ där X är en öppen mängd i $\mathbb{R}^n$ och låt $g \in C^1(Y, \mathbb{R}^p)$ där Y är en öppen mängd i $\mathbb{R}^m$ som innehåller $f(x)$ för alla $x \in X$. Då är sammansättningen $h = g \circ f$ definierad, vi har $h \in C^1(X, \mathbb{R}^p)$ och med beteckningen $y = f(x)$ gäller *kedjeregeln*

(2.6) $$dh(x) = dg(y)df(x).$$

Beviset är banalt. Om $k \in \mathbb{R}^m$ är litet och $l \in \mathbb{R}^n$ är litet har vi enligt förutsättningen

(2.7) $$f(x + k) = f(x) + df(x)k + o(|k|),$$

(2.8) $$g(y + l) = g(y) + dg(y)l + o(|l|).$$

Med $y + l = f(x + k)$, alltså enligt (2.7)

$$l = df(x)k + o(|k|) = O(|k|),$$

får vi av (2.8)

$$h(x + k) = g(y + l) = g(y) + dg(y)df(x)k + o(|k|)$$

vilket visar att h är differentiabel och att (2.6) gäller. Av (2.6) följer att

$$\frac{\partial h}{\partial x_j}(x) = \sum_k \frac{\partial g}{\partial y_k}(y) \frac{\partial f_k}{\partial x_j}$$

och alltså att

$$dh = \sum \frac{\partial h}{\partial x_j} dx_j = \sum_k \frac{\partial g}{\partial y_k} \frac{\partial f_k}{\partial x_j} dx_j = \sum_k \frac{\partial g}{\partial y_k}(y) df_k.$$

Detta är precis vad man får om man i formeln

(2.9) $$dg(y) = \sum_k \frac{\partial g}{\partial y_k} dy_k$$

helt enkelt ersätter y med $f(x)$. Resultatet kallas *differentialens invarians*: formeln (2.9) gäller även om y inte är oberoende variabler utan är funktioner av några andra variabler x.

Vi ska nu bevisa inversa funktionssatsen som i stor utsträckning reducerar problemet att invertera en C^1 avbildning f till invertering av dess differential.

> **Sats 2.5: Inversa funktionssatsen**
>
> Låt X vara en öppen mängd i $\mathbb{R}^n$ och $f \in C^1(X, \mathbb{R}^n)$, $x_0 \in X$
> och $f(x_0) = y_0$. Det finns då en öppen omgivning X_0 till x_0,
> en öppen omgivning Y_0 till y_0 och en funktion $g \in C^1(Y_0, \mathbb{R}^m)$
> med
>
> (2.10) $f \circ g =$ identiteten i Y_0, $g \circ f =$ identiteten i X_0
>
> om och endast om $df(x_0)$ är inverterbar. Vi har då att
>
> (2.11) $dg(y) = (df(x))^{-1}$ om $y = f(x)$, $x \in X_0$.

Bevis. Nödvändigheten: Av (2.10) och kedjeregeln följer att

$$df(x)dg(x) = I, \quad dg(y)df(x) = I \text{ om } y = f(x), \ x \in X_0,$$

där I är identitetsavbildningen i $\mathbb{R}^n$. Detta bevisar (2.11) och att
$df(x_0)$ måste vara inverterbar.

Tillräckligheten: Antag först att $df(x_0) = I$ och att $x_0 = y_0 = 0$. Om
vi sätter $r(x) = f(x) - x$ har vi då att $r(0) = dr(0) = 0$, och beviset
för sats 2.1 ger då om δ är tillräckligt litet att

$$|r(x) - r(x + h)| \le \frac{|h|}{2} \quad \text{då } |x| < \delta \text{ och } |x + h| < \delta.$$

Om $f(x) = f(x + h)$ får vi då

$$|h| = |r(x) - r(x + h)| \le \frac{|h|}{2},$$

alltså $h = 0$, så f är en-entydig på $X_0 = \{x; \ |x| < \delta\}$. Värdeförrådet
av f på X_0 innehåller $\{y; \ |y| < \delta/2\}$. Om $|y| < \delta/2$ kan vi nämligen
lösa ekvationen $f(x) = y$ genom successiv approximation,

(2.12) $x^0 = x$, $x^{k+1} = y - r(x^k)$, $k = 0, 1, \ldots$

Om $x^1, \ldots, x^k \in X_0$ så är x^{k+1} definierad och

$$|x^{k+1} - x^k| = |r(x^k) - r(x^{k-1})| \le \frac{1}{2}|x^k - x^{k-1}| \le \ldots$$

$$\le \frac{1}{2^k}|x^1 - x^0| = \frac{|y|}{2^k} < \delta 2^{-k-1}$$

och alltså

$$|x^{k+1}| \leq |x^{k+1} - x^k| + \ldots + |x^1 - x^0| \leq \delta/2 + |y| < \delta.$$

Detta medför att $x^{k+1} \in X_0$ och visar att (2.12) definierar en oändlig följd som konvergerar mot en punkt i X_0 eftersom

$$\sum_k |x^{k+1} - x^k| < \delta.$$

Gränsövergång i (2.12) ger $x = y - r(x)$, alltså $f(x) = y$. Sätt $x = g(y)$. Eftersom $|x| \leq 2|y|$ så följer av förutsättningen

$$f(x) = x + o(|x|) = x + o(|y|)$$

att vi också har att

$$g(y) = y + o(y)$$

så g är differentierbar i 0 med differentialen 0.

Villkoren $x_0 = y_0 = 0$ och $df(x_0) = I$ var bekväma i föregående diskussion men kan omedelbart elimineras genom translation och sammansättning med en linjär transformation. Varje punkt $x \in X_0$ har alltså en omgivning som av f avbildas på en öppen mängd i $\mathbb{R}^m$ så att inversen är differentierbar i $f(x)$. Eftersom f är en-entydig i X_0 får vi att

$$Y_0 = \{f(x), \, x \in X_0\}$$

är en öppen mängd och att inversen $g\colon Y_0 \to X_0$ till f är differentierbar. Vi har redan bevisat (2.11) och kontinuiteten hos $dg(y)$ följer av (2.11), vilket fullbordar beviset. □

Det analytiska funktionsbegreppet

Introduktion

I det här kapitlet ska vi definiera begreppet analytisk funktion såsom Cauchy gjorde det. Det betyder att vi ska definiera dem som sådana för vilka differentialen är komplexlinjär. Efter att sedan översatt satserna från föregående kapitel till satser om analytiska funktioner ska vi diskuter hur de elementära funktionerna utvidgas till att vara definierade för komplexa tal (och bli komplexvärda).

Definition och omedelbara konsekvenser

Låt Ω vara en öppen mängd i $\mathbb{C}$ och f en kontinuerligt deriverbar komplexvärd funktion i Ω. Differentialen $df(z)$ i en punkt $z \in \Omega$ är då en lineär avbildning från $\mathbb{R}^2 = \mathbb{C}$ till $\mathbb{R}^2 = \mathbb{C}$, men behöver givetvis inte vara komplexlineär, alltså av formen $z \to az$ för något komplext tal a. Om $f(z) = z$ är identitetsavbildningen så har vi förstås den komplexlinjära differentialen

$$dz : w \to w$$

medan om $f(z) = \bar{z}$ är komplexkonjugering har vi differentialen

$$d\bar{z} : w \to \overline{w}$$

som inte är komplexlineär. Från kapitel 1 vet vi att varje lineär avbildning i $\mathbb{R}^2$ är en lineär kombination av dessa, vi kan därför enligt

(1.21) och (1.22) i stället för

(3.1) $$df(z) = \frac{\partial f}{\partial x}dx + \frac{\partial f}{\partial y}dy$$

skriva

(3.2) $$df(z) = \frac{1}{2}\left(\frac{\partial f}{\partial x} - i\frac{\partial f}{\partial y}\right)dz + \frac{1}{2}\left(\frac{\partial f}{\partial x} + i\frac{\partial f}{\partial y}\right)d\bar{z}.$$

Här har vi använt den vanliga beteckningen $z = x + iy$ och bara ersatt dx med $(dz + d\bar{z})/2$ och dy med $(dz - d\bar{z})/2i$. För att bevara analogin med (3.1) brukar man införa *beteckningarna*

(3.3) $$\frac{\partial f}{\partial z} = \frac{1}{2}\left(\frac{\partial f}{\partial x} - i\frac{\partial f}{\partial y}\right), \qquad \frac{\partial f}{\partial \bar{z}} = \frac{1}{2}\left(\frac{\partial f}{\partial x} + i\frac{\partial f}{\partial y}\right),$$

vilket gör att (3.2) kan ges en form som är analog med (3.1)

(3.4) $$df(z) = \frac{\partial f}{\partial z}dz + \frac{\partial f}{\partial \bar{z}}d\bar{z}.$$

Villkoret

$$\frac{\partial f}{\partial \bar{z}} = 0$$

och är därför ekvivalent med att $df(z)$ är proportionell mot dz. Vi tar detta som definition av begreppet analytisk funktion.

Definition 2

Om Ω är en öppen delmängd av $\mathbb{C}$ och $f \in C^1(\Omega, \mathbb{C})$, så sägs f vara analytisk i Ω om $\partial f / \partial \bar{z} = 0$ där, vilket betyder att df är proportionell mot dz.

Anmärkning Faktum är att man brukar låta denna definition definiera en holomorf funktion, medan en analytisk funktion är en som definieras av en konvergent potensserie, varefter man visar att holomorfa funktioner och analytiska funktioner är samma sak.

För analytiska funktioner skriver man f' istället för $\partial f / \partial z$ och har alltså då f är analytisk att

(3.5) $$df(z) = f'(z)dz$$

eller utförligt

(3.6) $$\frac{\partial f}{\partial x} = f', \qquad \frac{\partial f}{\partial y} = if'.$$

Enligt definitionen av begreppet differential betyder (3.5) att

$$f(z+w) - f(z) = f'(z)w + o(|w|), \quad w \to 0.$$

Om vi dividerar med w och låter $w \to 0$ får vi den ekvivalenta formuleringen

(3.7) $$f'(z) = \lim_{w \to 0} \frac{f(z+w) - f(z)}{w}$$

som är analog med definitionen av derivatan av en funktion av en reell variabel. Vi har alltså kallat en funktion *analytisk om gränsvärdet (3.7) existerar för varje $z \in \Omega$ och beror kontinuerligt på z.* (Det senare villkoret kunde ha utelämnats för det är lätt att bevisa att det alltid är uppfyllt då gränsvärdet (3.7) existerar. Bevisen blir emellertid enklare och naturligare om man från början antar att f är kontinuerligt deriverbar.)

Ekvationen $\partial f / \partial \bar{z} = 0$, alltså

(3.8) $$\frac{\partial f}{\partial x} + i\frac{\partial f}{\partial y} = 0,$$

kallas *Cauchy-Riemanns differentialekvation.* Om man inför real- och imaginärdelarna av f, alltså skriver $f = u + iv$, så ger separation av real- och imaginärdelarna av (3.8) det ekvivalenta systemet av reella partiella differentialekvationer

(3.9) $$\begin{cases} \dfrac{\partial u}{\partial x} - \dfrac{\partial v}{\partial y} = 0, \\ \dfrac{\partial v}{\partial x} + \dfrac{\partial u}{\partial y} = 0. \end{cases}$$

I allmänhet är det dock enklare att räkna med Cauchy-Riemanns ekvationer i formen (3.8) än att använda systemet (3.9).

Vi vet att om f och g är differentierbara reellvärda funktioner så är $f + g$ och fg differentierbara med differentialerna

$$df + dg \quad \text{respektive} \quad fdg + gdf.$$

Detta gäller även om f och g har komplexa värden, för om vi skriver $f = f_1 + if_2$, $g = g_1 + ig_2$ med reella f_1, f_2, g_1, g_2 så reducerar vi genast påståendet till fallet av reellvärda funktioner. Om $g \neq 0$ så är $1/g = \overline{g}/|g|^2$ differentierbar eftersom $|g|^2$ och alltså $1/|g|^2$ är det. Allmännare är därför kvoten $h = f/g = f(1/g)$ differentierbar, och som

$$df = d(hg) = hdg + gdh$$

får vi genom division med g att

$$d(f/g) = \frac{gdf - fdg}{g^2}.$$

Om vi nu specialiserar till analytiska funktioner så har vi bevisat

---

Sats 3.1

Om f och g är analytiska i Ω så är $f + g$ och fg analytiska i Ω, och vi har att

$$(f + g)' = f' + g', \quad (fg)' = f'g + fg'.$$

Om $g \neq 0$ i Ω så är f/g också analytisk och

$$(f/g)' = \frac{f'g - fg'}{g^2}.$$

Bevis. Vi behöver bara ersätta df med $f'dz$ och dg med $g'dz$ i formlerna innan satsen.   □

Genom upprepad användning av dessa formler får vi att

$$p(z) = \sum_0^m a_k z^k$$

med komplexa koefficienter a_k är analytisk och att

$$p'(z) = \sum_1^m k a_k z^{k-1}.$$

Sats 3.2

Om f är analytisk i ett område Ω och g är analytisk i ett område Ω' som omfattar $\{f(z); z \in \Omega\}$, så är sammansättningen $h = g \circ f$ analytisk i Ω och vi har att

$$h'(z) = g'(f(z))f'(z).$$

Bevis. Om $w = f(z)$ så är $dw = f'(z)dz$ eftersom f är analytisk, och vi har att $dg(w) = g'(w)dw$ eftersom g är analytisk. Kedjregeln ger nu att

$$dh(z) = g'(w)f'(z)dz$$

vilket bevisar att h är analytisk med derivatan $g'(f(z))f'(z)$. $\qquad\square$

Inversa funktionssatsen har följande konsekvens:

Sats 3.3

Låt f vara analytisk i en omgivning Ω av z_0 och antag att $f'(z_0) \neq 0$. Då finns en omgivning Ω_1 till z_0 och en omgivning Ω_2 till $f(z_0)$ så att f avbildar Ω_1 en-entydigt på Ω_2 och inversen g från Ω_2 till Ω_1 är analytisk. Vi har att $g'(w) = f'(g(w))^{-1}$.

Analyticiteten hos f är ekvivalent med att $df(z)$ för varje z är konform och orienteringsbevarande (eller 0). Varje analytisk funktion f med $f'(z) \neq 0$ definierar alltså en konform och orienteringsbevarande avbildning i $\mathbb{C}$; med konformitet menar man ju att vinkeln mellan skärande kurvor bibehålls så detta är bara ett villkor på differentialen i skärningspunkten. Vi har därmed sett att *första delen av sats 1.3 gäller för alla analytiska avbildningar.*

Om Ω är ett öppet område i det komplexa talplanet, så låter vi $A(\Omega)$ beteckna rummet av analytiska funktioner som är definierade i Ω.

Slutligen har vi följande sats om gränsvärden av analytiska funktioner.

Sats 3.4

Om $f_j \in A(\Omega)$ och om f, g är funktioner i Ω sådana att $f_j \to f$ och $f_j' \to g$ likformigt på kompakta delmängder av Ω, så är f analytisk och $f' = g$.

Bevis. Analyticiteten hos f_j innebär att $\partial f_j / \partial x = f_j'$, $\partial f_j / \partial y = i f_j'$. De partiella derivatorna konvergerar alltså likformigt mot g respektive ig, vilket betyder att $f \in C^1(\Omega)$ och att df är gränsvärdet

$$g\,dx + i g\,dy = g(dx + i dy) = g\,dz.$$

Alltså är f analytisk och $f' = g$.   □

Anmärkning I kapitel 5 kommer vi att se att det räcker att förutsätta att $f_j \to f$ likformigt på kompakta delmängder av Ω. Konvergensen av f_j' är en konsekvens av detta.

De elementära funktionerna

Vi har sett ovan att varje polynom

$$p(z) = \sum_{k=0}^{m} a_k z^k$$

med komplexa koefficienter a_k är en analytisk funktion av z med derivata

$$p'(z) = \sum_{k=1}^{m} k a_k z^{k-1}.$$

Om p och q är polynom så är den rationella funktionen

$$f(z) = p(z)/q(z)$$

därför analytisk då z undviker nollställena till q.

Låt oss nu använda sats 3.3 i det enkla fallet

$$f(z) = z^m$$

där m är ett heltal > 1. Vi har $f'(z) = mz^{m-1} \neq 0$ om $z \neq 0$. Ekvationen

$$z^m = w$$

betyder att $|w| = |z|^m$ och att $m \arg z = \arg w + 2k\pi$ (k heltal). Alltså avbildar f varje sektor

$$\Omega = \{z \neq 0,\ \theta < \arg z < \theta + 2\pi/m\}$$

med öppningvinkel $2\pi/m$ en-entydigt på

$$\Omega' = \{w \neq 0,\ m\theta < \arg w < m\theta + 2\pi\},$$

som är det komplexa talplanet uppskuret längs strålen $\arg w = m\theta$, och inversen g är analytisk i Ω'. Vi skriver $g(w) = w^{1/m}$ men måste komma ihåg att för Ω' finns m olika analytiska val av m:te roten som skiljer sig med en m:te enhetsrot som faktor. Ofta använder man beteckningen $w^{1/m}$ oprecist för att beteckna vilken som helst av rötterna till ekvationen $z^m = w$ och talar då om att detta är en flertydig funktion. Vad man menar är då i själva verket att man har flera olika funktioner och för ögonblicket inte vill välja vilken man skall använda.

Exponentialfunktionen e^x har för reella x potensserieutvecklingen

$$e^x = \sum_{n=0}^{\infty} \frac{x^n}{n!}$$

som konvergerar för varje reellt x. Då $z \in \mathbb{C}$ och $|z| \leq R$ har vi

$$\left| \frac{z^n}{n!} \right| \leq \frac{R^n}{n!},$$

så det följer ur sats 2.4 att serien $\sum_0^\infty z^n/n!$ konvergerar likformigt på kompakta delmängder av $\mathbb{C}$. För delsummorna

$$f_j(z) = \sum_{n=0}^{j} \frac{z^n}{n!}$$

har vi $f_j'(z) = f_{j-1}(z)$, så f_j' är likformigt konvergent med samma gränsvärde. Enligt sats 2.3 är därför den oändliga serien en analytisk funktion. Om vi utvidgar definitionen av exponentialfunktionen genom att sätta

$$e^z = \sum_{n=0}^{\infty} \frac{z^n}{n!}$$

så är denna därför analytisk och

(3.10) $$\frac{d}{dz}e^z = e^z.$$

Utvidgningen av funktionen e^z till komplexa z bibehåller den grundläggande egenskapen hos exponentialfunktionen

(3.11) $$e^{z_1+z_2} = e^{z_1}e^{z_2}.$$

Denna likhet kan nämligen skrivas

$$\sum_0^\infty \frac{(z_1+z_2)^n}{n!} = \left(\sum_0^\infty \frac{z_1^j}{j!}\right)\left(\sum_0^\infty \frac{z_2^k}{k!}\right) = \sum_{j,k=0}^\infty \frac{z_1^j z_2^k}{j!k!} = \sum_{n=0}^\infty \left(\sum_{j+k=n} \frac{z_1^j z_2^k}{j!k!}\right)$$

för serierna i andra ledet är absolutkonvergenta, så vi kan multiplicera dem och samla termer av samma gradtal i z_1, z_2. Identiteten (3.11) övergår därför i binomialteoremet

$$(z_1+z_2)^n = \sum_{j+k=n} \frac{n!}{j!k!} z_1^j z_2^k.$$

Speciellt ger (3.11) att för reella x och y är

$$e^{x+iy} = e^x e^{iy}$$

där

$$e^{iy} = \sum_0^\infty \frac{(iy)^n}{n!} = \sum_0^\infty (-1)^n \frac{y^{2n}}{(2n)!} + i\sum_0^\infty (-1)^n \frac{y^{2n+1}}{(2n+1)!}.$$

Serierna i högerledet känner vi igen som serieutvecklingarna av $\cos y$ och $\sin y$,

(3.12) $$\cos y = \sum_0^\infty (-1)^n \frac{y^{2n}}{(2n)!}, \quad \sin y = \sum_0^\infty (-1)^n \frac{y^{2n+1}}{(2n+1)!}$$

och vi har alltså för reella x och y att

(3.13) $$e^{x+iy} = e^x(\cos y + i\sin y).$$

Vi kunde ha tagit detta som definition av e^z för komplexa z. Analyticiteten följer då av att differentialen i högerledet är

$$e^x dx(\cos y + i\sin y) + e^x(-\sin y + i\cos y)dy =$$

$$e^x(\cos y + i \sin y)(dx + idy).$$

Observera också att (3.13) kan skrivas i formen

(3.14) $$|e^z| = e^{\mathrm{Re}\, z}, \quad \arg e^z = \mathrm{Im}\, z.$$

Detta visar genast att exponentialfunktionen avbildar varje band

$$\{z;\, a \le \mathrm{Im}\, z < a + 2\pi\}$$

parallellt med reella axeln och med bredden 2π en-entydigt på $\mathbb{C} \setminus \{0\}$. Då $w \in \mathbb{C} \setminus \{0\}$ kan vi därför entydigt definiera $\log w = z$ som lösningen till $e^z = w$ i bandet. Enligt sats 3.3 blir z en analytisk funktion av w i sektorn

$$\{w \ne 0;\, a < \arg z < a + 2\pi\}$$

men den har ett språng från $\log |w| + i(a + 2\pi)$ till $\log |w| + ia$ då man i positiv led passerar linjen $\arg w = a$. För derivatan får vi $d(\log w)/dw = 1/e^z$, alltså

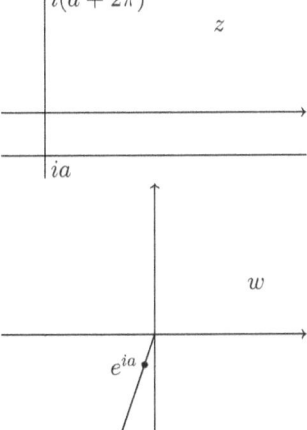

(3.15) $$\frac{d}{dw} \log w = \frac{1}{w}.$$

Totalt blir $\log w$ en oändligt mångtydig funktion

$$\log w = \log |w| + i \arg w, \quad w \ne 0,$$

med alla bestämningar av argumentet (som skiljer sig med multipler av 2π). Då man använder denna funktion måste man alltid tänka på att ge en föreskrift om valet av $\arg w$. Ofta väljer man att kräva $-\pi < \arg w < \pi$ (som kallas principalgrenen). Om w är nära negativa axeln är detta dock inte lämpligt.

Denna försiktighet måste också iakttas när man vill definiera z^b för allmänna komplexa $z \ne 0$ och b. Sedan man gjort ett val av $\log z$ kan man definiera

$$z^b = e^{b \log z}.$$

(Ett annat val av $\log z$ betyder att z^b multipliceras med en heltalspotens av $e^{2\pi i b}$.) Detta blir en entydig analytisk funktion då $a < \arg z < a + 2\pi$, och derivatan blir då enligt sats 3.2

(3.16) $$\frac{d}{dz} z^b = b z^{b-1}.$$

Liksom vi definierade e^z för komplexa z genom potensserieutvecklingen kan vi också definiera $\cos z$ och $\sin z$ för komplexa värden av z genom potensserierna (2.3). Då blir

$$e^{iz} = \cos z + i \sin z$$

för alla $z \in \mathbb{C}$. Om vi ersätter z med $-z$ får vi

$$e^{-iz} = \cos z - i \sin z$$

varur vi får Eulers formler

(3.17)
$$\cos z = \frac{e^{iz} + e^{-iz}}{2}, \quad \sin z = \frac{e^{iz} - e^{-iz}}{2i}.$$

Dessa kunde också ha tagits som definition, och de visar genast analyticiteten samt att

$$\frac{d}{dz} \cos z = -\sin z, \quad \frac{d}{dz} \sin z = \cos z.$$

Den vanliga formeln

$$\cos z = \sin(\frac{\pi}{2} - z)$$

följer av att $e^{\pi i/2} = i$. Då vi nu övergår till att studera inversen så räcker det därför att behandla cosinusfunktionen. Denna är periodisk med perioden 2π, $\cos(z + 2\pi) = \cos z$ och vi har att $\cos z = \cos(-z)$. Den antar därför alla sina värden redan i bandet $0 \le \operatorname{Re} z \le \pi$. På randen av detta band har vi

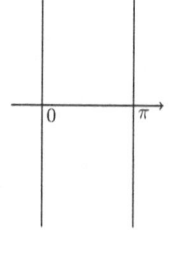

$$\begin{cases} \cos(iy) = \dfrac{e^y + e^{-y}}{2} \ge 1, \\[2mm] \cos(\pi + iy) = -\dfrac{e^y + e^{-y}}{2} \le -1. \end{cases}$$

Låter vi z löpa längs en av dessa linjer så går $\cos z$ från $+\infty$ till 1 och åter till $+\infty$, respektive från $-\infty$ till -1 och åter till $-\infty$.

Låt oss nu lösa ekvationen $\cos z = w$. Den vanliga identiteten

$$\cos^2 z + \sin^2 z = 1$$

följer ur (3.17), så

$$e^{iz} = \cos z + i \sin z = w + i\sqrt{1 - w^2}.$$

Om w är reell och $|w| > 1$ så är de två värdena av $\sqrt{1-w^2}$ rent imaginära och vi får då de två redan observerade lösningarna till ekvationen $\cos z = w$ på randen till bandet. Om $w = \pm 1$ så får vi $e^{iz} = \pm 1$, alltså att $z = 0$ eller π.

Låt nu w tillhöra det komplexa planet upp-skuret längs reella axeln utanför $(-1, 1)$. Då är $1 - w^2$ aldrig ≤ 0 så argumentet kan väljas mellan $-\pi$ och π, vilket betyder att $\sqrt{1-w^2}$ ligger i högra halvplanet. Då Im $w > 0$ medför detta att $\text{Im}(w + i\sqrt{1-w^2}) > 0$. Eftersom

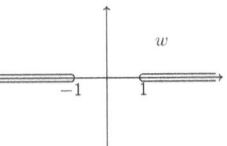

$$\text{Im}(\overline{w} + i\sqrt{1 - \overline{w}^2}) = -\text{Im}(w - i\sqrt{1-w^2}) \quad \text{och}$$

$$(w + i\sqrt{1-w^2})(w - i\sqrt{1-w^2}) = 1,$$

så följer därav att det för alla w i det uppskurna planet gäller att

$$\text{Im}(w \pm i\sqrt{1-w^2}) \gtrless 0$$

samt att $e^{iz} = w + i\sqrt{1-w^2}$ verkligen medför att $\cos z = \frac{e^{iz}+e^{-iz}}{2} = w$. Ekvationen $\cos z = w$ har därför endast lösningen

$$z = \frac{1}{i}\log(w + i\sqrt{1-w^2}) = \arccos w$$

med $0 < \text{Re}\, z < \pi$, och den är därför en analytisk funktion av w. Vi har $dz/dw = -1/\sin z = -1/\sqrt{1-w^2}$, alltså

$$(3.18) \qquad \frac{d}{dw}\arccos w = -\frac{1}{\sqrt{1-w^2}}, \quad -\pi < \arg(1-w^2) < \pi.$$

Om man korsar över intervallet $(1, \infty)$ (respektive $(-\infty, -1)$) så ändras tecknet på $\arccos w$ (och en term 2π tillkommer).

Läsaren kan tänka igenom $\arcsin w$ på motsvarande sätt.

Slutligen definierar man

$$\tan z = \frac{\sin z}{\cos z} \quad \text{och} \quad \cot z = \frac{\cos z}{\sin z}.$$

Dessa funktioner är analytiska utom då $z = \frac{\pi}{2} + k\pi$ respektive $z = k\pi$ med heltal k. Enligt derivationsreglerna får vi

$$(3.19) \qquad \frac{d}{dz}\tan z = \frac{1}{\cos^2 z} \quad \text{och} \quad \frac{d}{dz}\cot z = -\frac{1}{\sin^2 z}.$$

Låt oss nu lösa ekvationen

$$\tan z = \frac{e^{iz} - e^{-iz}}{e^{iz} + e^{-iz}} = w.$$

Denna kan skrivas

$$e^{iz}(1 - iw) = e^{-iz}(1 + iw).$$

Det finns därför ingen lösning om $w = \pm i$, men annars är ekvationen ekvivalent med

$$e^{2iz} = \frac{1 + iw}{1 - iw}.$$

Högerledet är väsentligen den Möbiustransformation av övre halv-planet på enhetscirkelskivan som diskuterades på sidan 19. Den av-bildar också högra (vänstra) halvplanet på över (undre) halvplanet. Det följer nu att ekvationen $\tan z = w$ har en och endast en lösning med $-\pi \leq \operatorname{Im} 2iz \leq \pi$, alltså $-\frac{\pi}{2} \leq \operatorname{Re} z \leq \frac{\pi}{2}$. Vi har att $\operatorname{Im} z \gtrless 0$ om $\operatorname{Im} w \gtrless 0$ och att $\operatorname{Re} z \gtrless 0$ om $\operatorname{Re} w \gtrless 0$. Om $z = -\pi/2 + iy$ så är

$$w = \frac{i(e^y + e^{-y})}{e^y - e^{-y}}$$

vilket då y går från $-\infty$ till 0 går från $-i$ till $-i\infty$ och då y går från 0 till ∞ varierar från $i\infty$ till i. Alltså blir

$$z = \arctan w$$

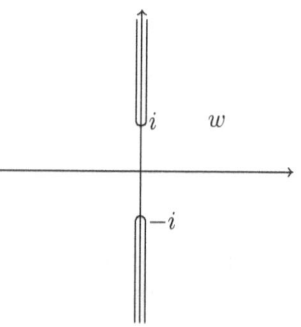

en analytisk funktion med värden i $\{z;\ |\operatorname{Re} z| < \pi/2\}$ då w tillhör $\mathbb{C}$ upp-skuret längs imaginära axeln utanför $(-i, i)$. Då $w = iv$ med v reellt, $|v| > 1$, så blir $e^{2iz} = -(v - 1)/(v + 1)$, vilket betyder att $z = -\frac{\pi}{2} + \frac{i}{2} \log \frac{v+1}{v-1}$.

Eftersom $\operatorname{Re} z \gtrless 0$ då $\operatorname{Re} w \gtrless 0$ följer nu att randvärdena av $\arctan w$ på imaginära axeln är

$$\begin{cases} \dfrac{1}{2}\left(-\pi + i \log \dfrac{|w| + 1}{|w| - 1}\right) & \text{från vänstra halvplanet} \\[3mm] \dfrac{1}{2}\left(\pi + i \log \dfrac{|w| + 1}{|w| - 1}\right) & \text{från högra halvplanet,} \end{cases}$$

förutsatt att $|w| > 1$.

Repetition av Gauss-Greens formel

Introduktion

I det här kapitlet ska vi repetera begreppet kurvintegral samt vad Gauss-Greens formel innebar. Dessa är nämligen fundamentala för den diskussion om de analytiska funktionernas egenskaper som vi ska ha i nästa kapitel.

Integration över en rand

För funktioner av en variabel knyts differentialkalkylen och integralkalkylen samman av formeln

$$\int_a^b f'(x)\,dx = f(b) - f(a).$$

I detta kapitel ska vi härleda motsvarande formel för funktioner av två variabaler. Vi ska ersätta vänsterledet med en integral över ett öppet område ω och högerledet med en integral över dess rand. Vi behöver därvid förutsätta regularitetsvillkoret i följande definition.

41

Definition 3

Ett öppet område $\omega \subset \mathbb{R}^2$ sägs ha C^1 rand om det till varje randpunkt $x^0 \in \partial\omega$ finns en öppen omgivning U och en funktion $\rho \in C^1(U, \mathbb{R})$ sådan att $\rho(x^0) = 0$, $d\rho(x^0) \neq 0$ och det gäller att

$$\omega \cap U = \{x \in U; \rho(x) < 0\}.$$

Man kan alltid göra ett ganska speciellt val av funktionen ρ. Antag nämligen till exempel att $\partial\rho/\partial x_2(x^0) > 0$. Då uppfyller avbildningen

$$U \ni x \mapsto (x_1, \rho(x))$$

förutsättningarna i inversa funktionssatsen i punkten x^0, och om vi krymper U tillräckligt mycket kan vi därför finna en C^1 invers. Eftersom $(x_1, \rho(x)) = (y_1, y_2)$ medför att $x_1 = y_1$ så är inversen av formen

$$y \to (y_1, g(y))$$

där g är en C^1 funktion definierad nära $(x_1^0, 0)$ med

$$x_2 = g(x_1, \rho(x)).$$

Vi har att $\dfrac{\partial g}{\partial y_2}(x_1^0, 0)\dfrac{\partial \rho}{\partial x_2}(x^0) = 1$, vilket betyder att $\dfrac{\partial g}{\partial y_2}(x_1^0, 0) > 0$, så ω definieras nära x^0 av

$$x_2 < g(x_1, 0) = g_0(x_1)$$

och randen $\partial\omega$ definieras av $x_2 = g_0(x_1)$

Med en parametrisering av $U \cap \omega$ med en parameter $t \in (a, b)$ menar man en en-entydig C^1 avbildning $G \colon (a, b) \to \mathbb{R}^2$ med $G'(t) \neq 0$ för alla $t \in (a, b)$ och värdeförrådet $U \cap \partial\omega$. Vi säger att den är positivt (negativt) orienterad om det för varje t gäller att $\det(G'(t), v) > 0$ (respektive < 0) om v är en vektor som från $G(t)$ pekar in i ω.

Vi fann ovan parametriseringen

$$x_1 \mapsto G(x_1) = (x_1, g_0(x_1)).$$

För den har vi att $\det(G'(t), v) = -1$ då v är den inåtriktade vektorn $(0, -1)$, så x_1 är en negativt orienterad parameter.

Låt nu $f = (f_1, f_2) \in C(\partial\omega, \mathbb{R}^2)$ och antag att ω är begränsad. Vi kan då definiera kurvintegralen

(4.1) $$\int_{\partial\omega} f_1 dx_1 + f_2 dx_2$$

på följande sätt. Om G är en parametrisering av $U \cap \partial \omega$ som ovan med $a < b$ och f är 0 utanför en kompakt delmängd av $U \cap \partial \omega$ så sätter vi

$$\int_{\partial \omega} f_1 dx_1 + f_2 dx_2 = \pm \int_a^b (f_1(G(t))G_1'(t) + f_2(G(t))G_2'(t))dt$$

med tecknet $+$ $(-)$ om parametriseringen är positivt (negativt) orienterad. Detta är oberoende av parametriseringen. Speciellt kan man välja en positiv parametrisering med båglängden, vilket har fördelen att den blir entydigt bestämd bortsett från en additiv konstant.

Ett godtyckligt f kan delas upp i en ändlig summa

$$f = f^1 + \ldots + f^N$$

sådan att föregående definition är tillämpbar på varje term och vi sätter

$$\int_{\partial \omega} f_1 dx_1 + f_2 dx_2 = \sum_{j=1}^N \int_{\partial \omega} f_1^j dx_1 + f_2^j dx_2.$$

Det är lätt att visa att detta blir oberoende av valet av uppdelning. I själva verket är det lätt att med hjälp av parametriseringar med båglängden visa att $\partial \omega$ kan delas upp i ändligt många slutna kurvor som var och en har en väsentligen entydig parametrisering med båglängden och vi kan då definiera integralen över varje sådan kurva i ett steg. Orienteringen av randen är sådan att man alltid har ω till vänster då man går runt $\partial \omega$ i positiv riktning.

Gauss-Greens formel

Låt ω vara ett begränsat område med C^1 rand och låt $f \in C^1(\Omega, \mathbb{R}^2)$ där Ω är en öppen mängd som innehåller det slutna höljet $\overline{\omega}$. Gauss-Greens formel säger då att

$$(4.2) \qquad \int_{\partial \omega} f_1 dx_1 + f_2 dx_2 = \iint_\omega (\frac{\partial f_2}{\partial x_1} - \frac{\partial f_1}{\partial x_2}) dx_1 dx_2.$$

Vi ska bevisa (4.2) då f är noll utanför en kompakt delmängd av en omgivning U till en punkt $x^0 \in \partial \omega$ sådan att

$$U \cap \omega = \{x \in U;\ x_2 < g(x_1)\}.$$

Vi såg i föregående avsnitt att varje randpunkt har en omgivning av denna typ, eventuellt med rollerna av x_1 och x_2 ombytta och motsatt olikhet. Sätt

$$F_1(y) = f_1(y_1, y_2 + g(y_1)), \quad F_2(y) = f_2(y_1, y_2 + g(y_1)).$$

Då är

$$\left(\frac{\partial f_2}{\partial x_1} - \frac{\partial f_1}{\partial x_2}\right)(y_1, y_2 + g(y_1)) = \frac{\partial F_2}{\partial y_1} - \frac{\partial F_1}{\partial y_2} - \frac{\partial F_2}{\partial y_2}g'(y_1).$$

Vi får därför med en variabelsubstitution vid integrationen med avseende på x_2

$$\iint_{\omega}\left(\frac{\partial f_2}{\partial x_1} - \frac{\partial f_1}{\partial x_2}\right)dx_1dx_2 = \iint_{y_2<0}\left(\frac{\partial F_2}{\partial y_1} - \frac{\partial F_1}{\partial y_2} - \frac{\partial F_2}{\partial y_2}g'(y_1)\right)dy_1dy_2$$

$$= -\int(F_1(y_1, 0) + F_2(y_1, 0)g'(y_1))dy_1 =$$

$$-\int(f_1(y_1, g(y_1)) + f_2(y_1, g(y_1))g'(y_1))dy_1 = \int_{\partial\omega}f_1dy_1 + f_2dy_2.$$

(Observera att y_1 är en negativ parametrisering av $\partial\omega$.) Vi har därmed visat (4.2) då f är 0 utanför en lite omgivning till en randpunkt. Randpunkter där ω definieras av den omvända olikheten eller där variablerna bytt plats behandlas på samma sätt. Om $f = 0$ nära $\partial\omega$ följer (4.2) genast genom integration. Nu kan varje f skrivas som en summa $f = f^1 + \ldots + f^N$ där varje f^j är 0 nära hela randen eller också utanför en liten omgivning till en randpunkt. Detta avslutar beviset för formeln.

5

Cauchys integralformel och några av dess konsekvenser

Introduktion

Cauchys integralformel är kanske den mest centrala formeln inom komplex analys. Den uttrycker det faktum att en analytisk funktion är i ett område fullständigt bestämd av dess värde på områdets rand. Den ger också formler för hur derivatorna för en analytisk funktion uttrycks i en motsvarande integration. I komplex analys gäller därför att differentiering och integration i någon mening är ekvivalenta saker, och analytiska funktioner får egenskaper från båda hållen.

Här ska vi först formulera och bevisa formeln och därefter titta på en del av dess omedelbara följder. Det innebär att vi ska se hur man kan använda komplex analys för att beräkna vissa reella endimensionella integraler samt att vi ska se att vår definition av vad som menas med en analytisk funktion är ekvivalent med att funktionen lokalt kan utvecklas i en potensserie. En annan konsekvens är argumentprincipen som ger oss möjligheten att bestämma antalet nollställen till en analytisk funktion i ett område genom att studera den på områdets rand. Vi ska också närmare studera hur en analytisk funktion ser ut nära en isolerad singulär punkt, alltså en punkt där funktionen blir obegränsad.

I det här kapitlet betecknar Ω en öppen delmängd av $\mathbb{C}$ och ω en

45

öppen delmängd av Ω med C^1 rand. Beteckningen $\omega \subset\subset \Omega$ betyder dessutom att $\overline{\omega}$ är en kompakt delmängd av Ω.

Cauchys integralformel

Låt f vara en analytisk funktion i Ω, d.v.s. $f \in C^1(\Omega)$ och $\partial f / \partial \overline{z} = 0$. Det medför att

(5.1) $$\iint_\omega \frac{\partial f}{\partial \overline{z}}\, dxdy = 0$$

om $\omega \subset\subset \Omega$. Omvänt medför giltighet av (5.1) för alla cirkelskivor $\omega \subset\subset \Omega$ att $\partial f / \partial \overline{z} = 0$, för om vi låter ω vara cirkelskivan med centrum i (x_0, y_0) i Ω och radien r, så ger division av (5.1) med r^2 att

$$0 = \iint_{x^2+y^2\leq 1} \frac{\partial f}{\partial \overline{z}}(x_0 + rx, y_0 + ry)dxdy \to \pi\frac{\partial f}{\partial \overline{z}}(x_0, y_0) \text{ då } r \to 0.$$

Om vi inför definitionen av $\partial f / \partial \overline{z}$ får vi för varje $f \in C^1$ att

$$\iint_\omega 2\frac{\partial f}{\partial \overline{z}}dxdy = \iint_\omega (\frac{\partial f}{\partial x} + i\frac{\partial f}{\partial y})dxdy = \int_{\partial\omega} f(x,y)(dy - idx)$$

$$= -i\int_{\partial\omega} f(x,y)(dx + idy) = -i\int_{\partial\omega} fdz,$$

där den andra likheten följer av Gauss-Greens formel. Vi har alltså dels

---

Sats 5.1: Moreras sats

En funktion $f \in C^1(\Omega)$ är analytisk i Ω om och endast om för varje $\omega \subset\subset \Omega$ med C^1 rand $\partial\omega$ gäller att

$$\int_{\partial\omega} f(z)dz = 0.$$

---

men också den mer allmänna observationen att

Sats 5.2

För varje $f \in C^1(\Omega)$ och varje $\omega \subset\subset \Omega$ med C^1 rand gäller att

$$\int_{\partial\omega} f(z)dz = 2i \iint_\omega \frac{\partial f}{\partial \bar{z}} dxdy.$$

Låt oss nu tillämpa föregående resultat med f ersatt av

$$g(z) = \frac{f(z)}{z - \zeta}$$

där ζ ligger i ω. Naturligtvis är detta inte utan vidare tillåtet eftersom g är singulär i punkten ζ. Men g är analytisk i ω med punkten ζ borttagen. Låt därför

$$\omega_\epsilon = \{z \in \omega;\ |z - \zeta| > \epsilon\}$$

där $\epsilon > 0$ är så litet att den borttagna cirkelskivan inklusive randen är inne-hållen i ω. Då är det klart att ω_ϵ har C^1 rand och består dels av $\partial\omega$, dels av cirkeln $z = \zeta + \epsilon e^{i\theta}$ där θ skall löpa från 2π till 0 för att ω_ϵ skall ligga på vänster sida om cirkeln.

Vi får därför, om $f \in C^1(\Omega)$, att

$$\int_{\partial\omega} \frac{f(z)}{z - \zeta} dz - \int_0^{2\pi} \frac{f(\zeta + \epsilon e^{i\theta})}{\epsilon e^{i\theta}} \epsilon i e^{i\theta} d\theta = 2i \iint_{\omega_\epsilon} \frac{\partial f/\partial \bar{z}}{z - \zeta} dxdy.$$

Då $\epsilon \to 0$ går den andra integralen i vänsterledet mot $2\pi i f(\zeta)$ eftersom integranden går likformigt mot $if(\zeta)$. Vidare är $1/|z - \zeta|$ en integrerbar funktion i ω, för med polära koordinater r, θ kring ζ har vi

$$\iint_{|z-\zeta|<1} \frac{dxdy}{|z - \zeta|} = \iint_{r<1} \frac{rdrd\theta}{r} = 2\pi.$$

Gränsövergången $\epsilon \to 0$ ger därför att

(5.2) $$f(\zeta) = \frac{1}{2\pi i} \int_{\partial\omega} \frac{f(z)dz}{z - \zeta} - \frac{1}{\pi} \iint_\omega \frac{\partial f/\partial \bar{z}}{z - \zeta} dxdy$$

där $z = x + iy$ som vanligt. För analytiska funktioner betyder det att vi får

---

Sats 5.3: Cauchys integralformel

Om f är analytisk i Ω och om $\omega \subset\subset \Omega$ har C^1 rand så gäller att

$$(5.3) \qquad f(\zeta) = \frac{1}{2\pi i} \int_{\partial \omega} \frac{f(z)dz}{z - \zeta}, \qquad \zeta \in \omega.$$

Formeln (5.2) gäller för alla $f \in C^1(\Omega)$.

En direkt konsekvens av detta är nästa sats.

Sats 5.4

Varje analytisk funktion är oändligt deriverbar. Om f är analytisk så är f' analytisk.

Bevis. Integranden i (5.3) är oändligt deriverbar med avseende på ζ då ζ ligger i ω och z ligger på randen $\partial \omega$. Härav följer att f är oändligt deriverbar i ω och att derivatorna får beräknas genom derivation under integraltecknet. Speciellt ger detta att

$$(5.4) \qquad f'(\zeta) = \frac{1}{2\pi i} \int_{\partial \omega} \frac{f(z)dz}{(z - \zeta)^2}, \qquad då \ z \in \omega.$$

Derivation under integraltecknet ger nu att

$$\frac{\partial f'}{\partial \bar{\zeta}}(\zeta) = 0$$

eftersom $(z - \zeta)^{-2}$ är en analytisk funktion av ζ ligger i ω och z på $\partial \omega$. Detta visar att $f'(\zeta)$ är en analytisk funktion av ζ. $\qquad \Box$

Genom upprepad användning av sats 5.4 kan vi successivt definiera de analytiska funktionerna $f'(z), f''(z), \ldots$ och vi får att

$$(5.5) \qquad f^{(k)}(\zeta) = \frac{k!}{2\pi i} \int_{\partial \omega} \frac{f(z)dz}{(z - \zeta)^{k+1}}, \qquad z \in \omega,$$

genom induktion från k till $k + 1$. Vi förbättrar nu sats 3.4.

Sats 5.5

Om $f_n \in A(\Omega)$ konvergerar likformigt mot en funktion f på kompakta delmängder av Ω då $n \to \infty$ så är f analytisk i Ω och för varje k gäller att $f_n^{(k)} \to f^{(k)}$ likformigt på kompakta delmängder av Ω.

Bevis. I Cauchys integralformel

$$f_n(\zeta) = \frac{1}{2\pi i} \int_{\partial \omega} \frac{f_n(z)dz}{z - \zeta}, \quad \text{där } \zeta \in \omega,$$

kan vi på grund av likformig konvergens göra gränsövergång under integraltecknet då $n \to \infty$. Detta ger att (5.3) gäller. Som i beviset för sats 5.4 ser vi att högerledet av (5.3) är en analytisk funktion i ω för varje kontinuerlig funktion f. Alltså är f analytisk i ω och därmed också i Ω. Ur (5.5) får vi nu att

$$f^{(k)}(\zeta) - f_n^{(k)}(\zeta) = \frac{k!}{2\pi i} \int_{\partial \omega} \frac{(f(z) - f_n(z))dz}{(z - \zeta)^{k+1}} \quad \text{då } z \in \omega,$$

vilket går likformigt mot 0 på kompakta delmängder av ω då $n \to \infty$, och detta medför likformig konvergens på varje kompakt delmängd av Ω på grund av Heine–Borels lemma. $\qquad \Box$

Anmärkning Man kan säga mer: om funktionsföljden är likformigt begränsad gäller det också derivatorna och det finns en delföljd som konvergerar likformigt mot en analytisk funktion. Detta resultat av Stieltjes och Vitalis disktueras i Bilaga A.

Exempel 5.1 Vi ska beräkna integralen

$$\int_{\partial \omega} \frac{e^z}{z^2(z + 2)} dz$$

i fallen då ω är följande cirkelskivor:

$$a) \ |z + 2| < \frac{1}{2}, \quad b) \ |z| < \frac{1}{2}, \quad c) \ |z| < 3.$$

Efter division med $2\pi i$ känner man igen integralen som Cauchys integralformel för funktionen $f(z) = e^z/z^2$ som är analytisk då $|z + 2| < \frac{1}{2}$. Vi får därför att

$$\frac{1}{2\pi i} \int_{\partial\omega} \frac{f(z)}{z + 2} dz = f(-2) = \frac{e^{-2}}{4}.$$

Så svaret i a) är $\pi i/2e^2$.

För b) använder vi Cauchys integralformel för att beräkna derivatan av $g(z) = e^z/(z + 2)$ då $z = 0$,

$$\frac{1}{2\pi i} \int_{\partial\omega} \frac{g(z)}{z^2} dz = g'(0) = \frac{1}{2} - \frac{1}{4} = \frac{1}{4},$$

så svaret blir $\pi i/2$.

I det sista fallet har vi två singulariteter i ω, nämligen -2 och 0 och kan därför inte genast anpassa frågan till Cauchys integralformel. Vi kan emellertid skilja dem åt på olika sätt. Låt oss kalla områdena i de tre exemplen för ω_a, ω_b och ω_c. Enligt Sats 5.1 är integralen av $e^z/z^2(z + 2)$ över randen till $\omega_c \setminus (\omega_a \cup \omega_b)$ lika med 0, alltså om vi tänker på orienteringarna (se figuren nedan)

$$\int_{\partial\omega_c} \frac{e^z}{z^2(z+2)} dz = \int_{\partial\omega_a} \frac{e^z}{z^2(z+2)} dz + \int_{\partial\omega_b} \frac{e^z}{z^2(z+2)} dz.$$

Svaret blir därför enligt de två integraler vi räknat ut $\pi i(1 + e^{-2})/2$.

Alternativt kunde vi ha använt partialbråksuppdelningen

$$\frac{1}{z^2(z + 2)} = -\frac{2}{z + 2} + \frac{2 - z}{4z^2},$$

och fått att integralen är lika med

$$\int_{\partial\omega_c} \frac{e^z}{4(z + 2)} dz + \int_{\partial\omega_c} \frac{e^z}{2z^2} dz - \int_{\partial\omega_c} \frac{e^z}{4z} dz,$$

där var och en av termerna beräknas med Cauchys integralformel såsom i a) och b).

Föregående satser ger viktig kvalitativ information om analytiska funktioner. Vi skall nu ge några exempel som visar att Cauchys integralformel också kan användas för effektiv beräkning av vissa integraler. Längre fram i kapitlet ska vi återvända mera systematiskt till detta.

Exempel 5.2 Integralen

$$\int_0^\infty \frac{x^{a-1}dx}{1+x}$$

konvergerar nära 0 om $a > 0$ och vid ∞ om $a < 1$. För att beräkna den då $0 < a < 1$ betraktar vi

$$\int_{\partial\omega} \frac{z^{a-1}dz}{1+z}$$

där ω är området mellan en liten cirkel $|z| = \epsilon < 1$ och en stor cirkel $|z| = R > 1$ med området till höger om den lilla cirkeln borttaget (se figuren).

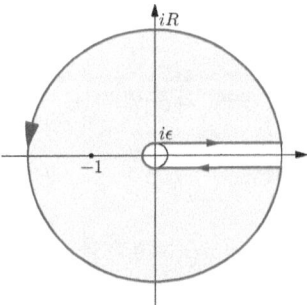

Med konventionen $0 < \arg z < 2\pi$ blir z^{a-1} då entydigt definierad och analytisk. Argumentet för z är nära 0 (respektive 2π) strax över (respektive under) positiva reella axeln. Då $\epsilon \to 0^+$ får vi därför om $x > 0$ att

$$(x + i\epsilon)^{a-1} \to x^{a-1}, \quad (x - i\epsilon)^{a-1} \to x^{a-1}e^{2\pi i(a-1)},$$

och vi har begränsningen $|x \pm i\epsilon|^{a-1} \leq |x|^{a-1}$. Då $\epsilon \to 0$ kon-

---

vergerar därför integralen över de räta linjestyckena mot

$$(1 - e^{2\pi i(a-1)}) \int_0^R \frac{x^{a-1}dx}{1+x}.$$

Integralen över den lilla halvcirkeln är högst $\pi \epsilon^a / (1 - \epsilon)$ till sitt absolutbelopp, eftersom integrandens absolutbelopp är $\leq \epsilon^{a-1}/(1 - \epsilon)$ och integrationsvägens längd är $\pi\epsilon$. Det följer att denna integral går mot 0 då $\epsilon \to 0$. Då $R \to \infty$ går integralen över den stora cirkeln mot 0 för den kan på samma sätt uppskattas med $2\pi R^a / (R - 1) \to 0$. Alltså har vi att

$$\int_{\partial\omega} \frac{z^{a-1}dz}{1+z} \to (1 - e^{2\pi i(a-1)}) \int_0^{+\infty} \frac{x^{a-1}dx}{1+x}$$

då $\epsilon \to 0$ och $R \to \infty$. Nu kan integralen i vänsterledet beräknas med hjälp av Cauchys integralformel[4] till

$$2\pi i(-1)^{a-1} = 2\pi i e^{\pi i(a-1)}.$$

Vi får därför att

$$2\pi i e^{\pi i(a-1)} = (1 - e^{2\pi i(a-1)}) \int_0^\infty \frac{x^{a-1}dx}{1+x},$$

eller, efter förkortning,

$$\pi = -\sin(\pi(a - 1)) \int_0^\infty \frac{x^{a-1}dx}{1+x}.$$

Det betyder att

$$(5.6) \qquad \int_0^\infty \frac{x^{a-1}dx}{1+x} = \frac{\pi}{\sin(\pi a)}, \quad 0 < a < 1.$$

Vi ska senare återkomma till denna integral, eller snarare integralen

$$(5.7) \qquad \int_0^1 \frac{t^{a-1}dt}{(1-t)^a} = \frac{\pi}{\sin(\pi a)}$$

som man får genom substitutionen $x = \frac{t}{1-t} = \frac{1}{1-t} - 1$.

Exempel 5.3 Som bekant är

(5.8) $$\int_{-\infty}^{\infty} e^{-x^2}dx = \sqrt{\pi}.$$

Ett bevis följer av att

$$\left(\int_{-\infty}^{\infty} e^{-x^2}dx\right)^2 = \iint e^{-x^2-y^2}dxdy = \int_0^{\infty} e^{-r^2}2\pi rdr = \pi.$$

Vi ska ge ett annat bevis senare. Nu utgår vi ifrån (5.8) och skall visa att om

$$Q(x) = ax^2 + 2bx + c$$

är ett andragradspolynom och a ett komplext tal med $\operatorname{Re} a > 0$, så är

(5.9) $$\int_{-\infty}^{\infty} e^{-Q(x)}dx = e^{-Q(-b/a)}\sqrt{\frac{\pi}{a}}$$

där kvadratroten definieras av att $|\arg a| < \pi/2$. Observera att

$$Q(x - b/a) = ax^2 + Q(-b/a)$$

eftersom $Q'(-b/a) = 0$. Vi skulle därför vilja ersätta x med $x - b/a$ i (5.9), men en sådan variabelsubstitution är bara legitim om b/a är reell. Samma resultat kan emellertid alltid uppnås genom att integrera $e^{-Q(z)}$ längs randen till en rektangel med sidorna $\operatorname{Im} z = 0$, $\operatorname{Im} z = \operatorname{Im}(-b/a)$ och $\operatorname{Re} z = \pm R$.

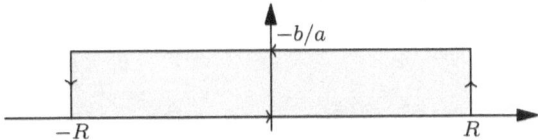

Enligt sats 5.1 är integralen lika med 0. Integralen över de vertikala sidorna går mot 0 då $R \to \infty$ eftersom $e^{-Q} \to 0$ i oändligheten i strimman. (Verifiera detta!) Alltså får vi då $R \to \infty$ att

$$\int_{-\infty}^{\infty} e^{-Q(x)}dx = \int_{-\infty}^{\infty} e^{-Q(x-b/a)}dx = e^{-Q(-b/a)}\int_{-\infty}^{\infty} e^{-ax^2}dx.$$

Detta reducerar (5.9) till att beräkna

(5.10) $$2\int_0^\infty e^{-ax^2}dx = \int_{-\infty}^\infty e^{-ax^2}dx = \sqrt{\frac{\pi}{a}}.$$

Då $a > 0$ följer detta av (5.8) om $x\sqrt{a}$ införs som ny variabel.

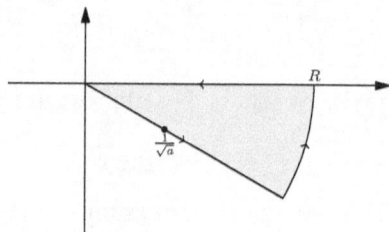

I annat fall imiterar vi variabelsubstitutionen genom att integrera e^{-az^2} längs randen till en cirkelsektor begränsad av positiva reella axeln, halvstrålen $\arg z = \arg(1/\sqrt{a})$ och $|z| = R$. Hela integralen är 0 och integralen över cirkelbågen kan uppskattas med $\pi Re^{-R^2\mathrm{Re}(a)} \to 0$ då $R \to \infty$. Vi får därför

$$\int_0^\infty e^{-ax^2/a}\frac{dx}{\sqrt{a}} + \int_\infty^0 e^{-ax^2}dx = 0$$

vilket bevisar (5.10).

Låt oss slutligen använda föregående argument då a är rent imaginärt, exempelvis Im $a > 0$. Då blir $\arg z = -\pi/4$ på den ena begränsningen av sektorn. På cirkelbågen får vi

$$|e^{-az^2}| = |e^{-i|a|z^2}| = e^{|a|R^2 \sin 2\theta}, \quad \theta = \arg z,$$

för $z^2 = R^2e^{2i\theta} = R^2(\cos 2\theta + i\sin 2\theta)$. Denna del av integralen begränsas därför av

$$R\int_{-\pi/4}^0 e^{|a|R^2 \sin 2\theta}d\theta.$$

Nu kan vi välja $c > 0$ så att

$$\sin 2\theta < -c|\theta| \text{ då } -\pi/4 < \theta < 0.$$

Alltså får vi uppskattningen

$$R \int_0^{\pi/4} e^{-|a|cR^2 t} dt \le \frac{R}{|a|cR^2} \to 0 \text{ då } R \to \infty$$

för integralen över cirkelbågen. Detta betyder att (5.10) även gäller då $a \ne 0$ är rent imaginärt, fast integralen konvergerar då inte absolut. Om b också är rent imaginärt får vi fortfarande (5.9) eftersom den första delen av argumentet då bara gäller en reell variabelsubstitution. Observera att då $\operatorname{Re} a = 0, a \ne 0$, så är

$$a^{-1/2} = |a|^{-1/2} e^{-\pi i (\operatorname{sgn} \operatorname{Im} a)/4}.$$

där

$$\operatorname{sgn} x = \begin{cases} 1 & \text{om } x > 0 \\ -1 & \text{om } x < 0. \end{cases}$$

Potensserier

Låt f vara en analytisk funktion i cirkelskivan

$$D_R = \{z \in \mathbb{C};\ |z| < R\}.$$

För varje $r < R$ har vi då enligt Cauchys integralformel

$$f(z) = \frac{1}{2\pi i} \int_{|\zeta|=r} \frac{f(\zeta) d\zeta}{\zeta - z} \quad \text{då } |z| < r,$$

och vi kan utveckla $(\zeta - z)^{-1}$ i en geometrisk serie

$$\frac{1}{\zeta - z} = \frac{1}{\zeta} \frac{1}{1 - \frac{z}{\zeta}} = \sum_{n=0}^{\infty} z^n \zeta^{-n-1}$$

som konvergerar likformigt då $|z| \le r_1 < r = |\zeta|$. Nu är

$$\frac{1}{2\pi i} \int_{|\zeta|=r} f(\zeta) \zeta^{-n-1} d\zeta = \frac{f^{(n)}(0)}{n!}$$

enligt (5.5), så vi får

Sats 5.6

Om f är analytisk i D_R så är

$$f(z) = \sum_{n=0}^{\infty} f^{(n)}(0)\frac{z^n}{n!}$$

där serien konvergerar likformigt i varje cirkelskiva D_r med radie $r < R$.

Betrakta omvänt en potensserie

$$\sum_{n=0}^{\infty} a_n z^n.$$

Om den konvergerar i en punkt $z_0 \neq 0$ så finns ett M sådant att

$$|a_n z_0^n| \leq M, \quad n = 0, 1, \ldots.$$

Serien $\sum_n a_n z^n$ konvergerar då likformigt i $\{z; |z| < r\}$ om $r < |z_0|$, för termernas absolutbelopp begränsas av termerna i den konvergenta serien

$$\sum_{0}^{\infty} M(\frac{r}{|z_0|})^n.$$

Seriens summa är därför en analytisk funktion $f(z)$ då $|z| < |z_0|$, och enligt sats 5.5 gäller också att

$$f^{(k)}(z) = \sum_{n=k}^{\infty} a_n n(n-1) \ldots (n-k+1) z^{n-k}, \quad |z| < |z_0|,$$

vilket då $z = 0$ ger att $a_k = f^{(k)}(0)/k!$.

Sats 5.7

Om en potensserie

$$\sum_{n=0}^{\infty} a_n z^n$$

konvergerar för något $z \neq 0$ så finns ett positivt tal R (ev. $R = \infty$) så att den konvergerar mot en analytisk funktion $f(z)$ då $|z| < R$, men divergerar för varje z med $|z| > R$. Man kallar

R för konvergensradien. Vi har att

$$a_n = f^{(n)}(0)/n!$$

och att

(5.11) $$\frac{1}{R} = \limsup_{\substack{k \to \infty \\ n > k}} |a_n|^{1/n}.$$

Bevis. Om serien konvergerar i z så har vi för något M att

$$|a_n z^n| \leq M, \quad \text{alltså } |z| \|a_n|^{1/n} \leq M^{1/n}.$$

Detta medför att

$$|z| \limsup_{\substack{k \to \infty \\ n > k}} |a_n|^{1/n} \leq 1.$$

Högerledet i (5.11) är därför ändligt. Vi definierar $R = \infty$ om det är 0 och R lika med inversen annars. Konvergens av serien medför alltså $|z| \leq R$. Om vi å andra sidan tar $r < R$ så medför (5.11) om k är stort att

$$|a_n|^{1/n} < \frac{1}{r} \quad \text{då } n > k.$$

Alltså är

$$|a_n z^n| < (\frac{|z|}{r})^n \quad \text{då } n > k,$$

så serien konvergerar då $|z| < r$. Detta fullbordar beviset. $\square$

Anmärkning Om

$$\lim_{n \to \infty} |\frac{a_{n+1}}{a_n}| = M$$

så har följden $\{|a_n|^{1/n}\}_0^\infty$ också gränsvärdet M, varför konvergens-radien är $1/M$ (d'Alemberts kriterium). Om $M_1 < M < M_2$ har vi nämligen för $n \geq n_0$ att

$$M_1 < |\frac{a_{n+1}}{a_n}| < M_2,$$

alltså

$$|a_{n_0}| M_1^{n-n_0} < |a_n| < |a_{n_0}| M_2^{n-n_0}, \quad n > n_0.$$

Väljer vi $M_1' < M_1$ och $M_2' > M_2$ följer nu för stora n att

$$M_1' < |a_n|^{1/n} < M_2',$$

vilket bevisar påståendet.

Exempel 5.4 Vi ska bestämma konvergensradien och de första tre termerna i potensserieutvecklingen kring origo för

$$f(z) = \frac{e^z}{\sqrt{1+z}(2-\cos z)}.$$

Vi har att $f(z)$ är analytisk då $|z| < 1$, för nollställena till $2 - \cos z$ fås genom att vi löser ekvationen $e^{iz} + e^{-iz} = 4$ som är en andragradsekvation för e^{iz}, vilket ger $e^{iz} = 2 \pm \sqrt{3}$, alltså

$$iz = \pm \log(2 + \sqrt{3}) + 2k\pi i.$$

Eftersom $\log(2 + \sqrt{3}) = \log 3.732\ldots > 1$, så är $|z| > 1$ för alla nollställena. Konvergensradien blir därför minst 1 och den kan inte vara större eftersom $|f(z)| \to \infty$ då $z \to -1$. De första termerna i potensserieutvecklingen ges av

$$f(z) = (1 + z + \frac{z^2}{2} + \ldots)\frac{1 - \frac{z}{2} + \frac{3z^2}{8} + \ldots}{1 + \frac{z^2}{2} + \ldots} =$$

$$(1 + \frac{z}{2} + \frac{3z^2}{8} + \ldots)(1 - \frac{z^2}{2} + \ldots) = 1 + \frac{z}{2} - \frac{z^2}{8} + \ldots$$

Med satserna 5.6 och 5.7 har vi verifierat att, som nämnts i inledningen, begreppet analytisk funktion lika väl kunde ha definierats genom konvergenta potensserier. Observera också att en analytisk funktion f är bestämd i en cirkelskivan D_R om man känner den i intervallet $(-R, R)$ på reella axeln, för $f^{(n)}(0)$ är lika med den n:te derivatan i 0 av funktionen f av den reella variabeln x. Med vissa reservationer som vi strax skall precisera blir f entydigt bestämd också i större områden i $\mathbb{C}$.

Definition 4

Ω sägs vara sammanhängande om man inte kan dela upp den i en föreningsmängd av två öppna, disjunkta, icke-tomma mängder Ω_0 och Ω_1.

Denna definition är bekväm att använda men kanske inte så åskåd-
lig. Vi bevisar därför ekvivalensen med en mera naturlig defini-
tion.

Sats 5.8

Ω är sammanhängande om och endast om det till varje par av
punkter z_0, z_1 i Ω finns en kontinuerlig kurva från z_0 till z_1 i Ω,
d.v.s. en kontinuerlig avbildning

$$[0,1] \ni t \to z(t) \in \Omega \quad \text{med } z(0) = z_0, \ z(1) = z_1.$$

Bevis. Antag först att Ω är sammanhängande. Fixera $z_0 \in \Omega$ och låt
Ω_0 vara mängden av alla punkter z_1 som kan förenas med z_0 med en
sådan kurva. Då är Ω_0 öppen, för om z är så nära z_1 att linjestycket
mellan z och z_1 ligger i Ω så går kurvan

$$t \to \begin{cases} z(2t), & \text{då } 0 \leq t \leq \frac{1}{2}, \\ z_1 + (2t-1)(z - z_1), & \text{då } \frac{1}{2} \leq t \leq 1, \end{cases}$$

från z_0 till z. Mängden Ω_1 av punkter i Ω som inte kan förenas med
z_0 är också öppen, för om $z \in \Omega_1$ så innehåller Ω_1 också alla punkter
i Ω som kan förenas med z. Eftersom $\Omega = \Omega_0 \cup \Omega_1$ måste Ω_1 vara
tom, vilket bevisar egenskapen i definitionen.

Antag nu att $\Omega = \Omega_0 \cup \Omega_1$ där $\Omega_j, j = 1,2$ är öppna, disjunkta
och icke-tomma. Välj $z_0 \in \Omega_0$ och $z_1 \in \Omega_1$. Då finns det ingen
kontinuerlig kurva från z_0 till z_1 i Ω. För om $z(t)$ är en sådan kurva
så är

$$O_j = \{t \in [0,1]; \ z(t) \in \Omega_j\}, \quad j = 0,1,$$

öppen i $[0,1]$ eftersom $z(t)$ är kontinuerlig. Mängderna O_j är disjunk-
ta och $j \in O_j$. Sätt

$$a = \sup_{x \in O_0} x.$$

Om $a \in O_1$ så har a en omgivning som tillhör O_1 och alltså inte
innehåller någon punkt ur O_0, vilket strider mot definitionen. Därför
måste $a \in O_0$ vilket medför att $a < 1$ och att en omgivning till a
tillhör O_0. Detta är åter omöjligt eftersom a är supremum av O_0,
vilket bevisar satsen. $\qquad\qquad\square$

Efter denna parantes återvänder vi till det enkla beviset för den
analytiska fortsättningens entydighet.

Sats 5.9

Om f är analytisk i ett sammanhängande område Ω och det gäller att $f^{(k)}(z) = 0$, $k = 0, 1, \ldots$, för något z i Ω, så är f identiskt 0 i Ω.

Bevis. Låt Ω_0 vara mängden av alla $z \in \Omega$ med $f^{(k)}(z) = 0$ för alla heltal $k \geq 0$ och låt Ω_1 vara mängden av alla $z \in \Omega$ med $f^{(k)}(z) \neq 0$ för något k. Kontinuiteten av $f^{(k)}$ medför att Ω_1 är öppen, och Ω_0 är också öppen för om $z \in \Omega_0$ så följer av sats 5.6 att $f(\zeta) = 0$ i $\{\zeta;\ |\zeta - z| < R\}$. Eftersom Ω_0 inte är tom och Ω är sammanhängande så måste Ω_1 vara tom, vilket bevisar satsen. $\qquad\square$

Satsen kan också formuleras så: Om f och g är analytiska i det sammanhängande området Ω och

$$f^{(k)}(z) = g^{(k)}(z),\ k = 0, 1, \ldots$$

för något $z \in \Omega$ så är f och g identiska. Detta följer om vi använder sats 5.9 på funktionen $f - g$. Man får emellertid inte dra för långt gående slutsatser av detta.

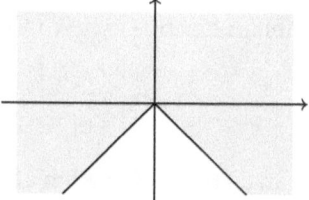

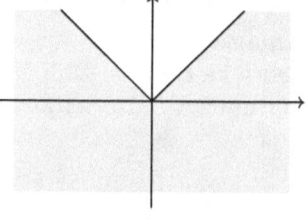

Betrakta till exempel den entydiga definitionen av $\sqrt{z}$ i de sammanhängande områdena i figuren till höger. Dessa funktioner överensstämmer nära den positiva reella axeln men är olika nära den negativa axeln. Funktionsvärdena i punkten -1 är exempelvis i respektive $-i$. Utvidgningen av en analytisk funktion till olika sammanhängande områden behöver alltså inte överensstämma i hela det gemensamma definitionsområdet om detta inte är sammanhängande.

Beviset för sats 5.6 ger viktig information om storleken av koefficienterna i Taylors formel:

Sats 5.10: Cauchys olikheter

Om f är analytisk och $|f(z)| \leq M$ då $|z| < R$, så gäller för koefficienterna i potensserieutvecklingen att

(5.12) $$\left| \frac{f^{(n)}(0)}{n!} \right| \leq MR^{-n}, \; n = 0, 1, \ldots.$$

Bevis. Vi har för varje $r < R$ att

$$\left| \frac{f^{(n)}(0)}{n!} \right| = \left| \frac{1}{2\pi i} \int_{|z|=r} f(x) z^{-n-1} dz \right| \leq \frac{1}{2\pi} M r^{-n-1}(2\pi r).$$

Då $r \to R$ följer påståendet. $\qquad\qquad\qquad\qquad\qquad\qquad\square$

Observera att Cauchys olikheter ger en uppskattning av hur snabbt potensserien för en analytisk funktion måste konvergera då man känner en begränsning för dess absolutbelopp. Vi får nämligen genast av (5.12) att

$$\left| f(z) - \sum_{k=0}^{n-1} f^{(k)}(0) \frac{z^k}{k!} \right| \leq M \frac{|z/R|^n}{1 - |z/R|}.$$

Vi ger nu några exempel på konsekvenser av sats 5.10.

Sats 5.11: Liouvilles sats

Om f är analytisk i hela $\mathbb{C}$ och

$$|f(z)| \leq C(1 + |z|)^N$$

för två konstanter C och N, så är f ett polynom med grad $\leq N$.

Speciellt, om f är begränsad på $\mathbb{C}$ är f en konstant funktion.

Bevis. Enligt Cauchys olikheter är för varje $R > 0$

$$\left| \frac{f^{(n)}(0)}{n!} \right| \leq C(1 + R)^N R^{-n}.$$

Om vi låter $R \to \infty$ så får vi att $f^{(n)}(0) = 0$ om $n > N$, så att

$$f(z) = \sum_{n=0}^{N} f^{(n)}(0)\frac{z^n}{n!}.$$

$\square$

På samma sätt kan man få många andra samband mellan storleken av Taylorkoefficienterna och tillväxten av en *hel funktion*, d.v.s. en funktion som är analytisk i hela $\mathbb{C}$.

Exempel 5.5 Låt f vara en hel funktion för vilken

$$|f(z)| \leq Ce^{a|z|}.$$

Då ger Cauchys olikheter att det för varje $R > 0$ gäller att

$$\left|\frac{f^{(n)}(0)}{n!}\right| \leq Ce^{aR}R^{-n}.$$

Minimum uppnås i högerledet då $a = n/R$ (derivera logaritmen), och vi får att

$$\left|\frac{f^{(n)}(0)}{n!}\right| \leq Ce^n(\frac{a}{n})^n, \text{ och därför att } |f^{(n)}(0)| \leq C(ae)^n.$$

Omvänt, om f är en hel funktion och det för en konstant K gäller att

$$|f^{(n)}(0)| \leq K^{n+1}, n = 0, 1, \ldots$$

så får vi att

$$|f(z)| \leq K\sum_{n=0}^{\infty} \frac{(K|z|)^n}{n!} = Ke^{K|z|}.$$

Olikheten (5.12) är tom då $n = 0$, men beviset innehåller ändå intressant information då. Vi har nämligen att

$$f(0) = \frac{1}{2\pi}\int_0^{2\pi} f(re^{i\theta})d\theta.$$

Om $|f(z)| \leq M$ då $|z| < R$ och om $|f(0)| = M$, så får vi att

$$1 = \frac{1}{2\pi}\int_0^{2\pi}\frac{f(re^{i\theta})d\theta}{f(0)} = \frac{1}{2\pi}\int_0^{2\pi} \text{Re}\left(\frac{f(re^{i\theta})}{f(0)}\right)d\theta.$$

Eftersom integranden är ≤ 1 och kontinuerlig så måste den vara $= 1$ överallt, alltså $f(re^{i\theta})/f(0) = 1$ för alla θ och $0 < r < R$. Om f inte är konstant, så måste därför $|f(0)| < M$. Denna observation leder till maximumprincipen, som vi bevisar här trots att den strängt taget inte passar under avsnittets rubrik.

Sats 5.12: Maximumprincipen

Om f är kontinuerlig i en kompakt mängd K delmängd av $\mathbb{C}$ och analytisk i det inre, så är

$$|f(z)| \leq \max_{\zeta \in \partial K} |f(\zeta)|, \quad \text{då } z \in K.$$

Om likhet antas i någon inre punkt $z \in K$ så är f konstant i en omgivning av z.

Bevis. Låt M vara maximum av $|f(z)|$ då $z \in K$. Om $|f(z)| = M$ för någon inre punkt z i K så låter vi R vara dess avstånd till ∂K och får av föregående diskussion att f är konstant i cirkelskivan $\{\zeta; |\zeta - z| < R\} \subset K$. På grund av kontinuiteten är f också konstant i den slutna cirkelskivan. Men denna innehåller någon punkt ur ∂K, så vi får alltid

$$\max_{\zeta \in \partial K} |f(\zeta)| = M.$$

Detta bevisar satsen. $\qquad\qquad\qquad\qquad\qquad\qquad\qquad\quad \square$

Anmärkning I appendix B diskuteras, som en tillämpning av maximumprincipen, en sats om konvergens av en potensserie på randen till konvergenscirkeln.

Nollställen till analytiska funktioner

Sats 5.10 innebär att en analytisk funktion i ett sammanhängande område måste vara identiskt noll om den har ett nollställe av oändlig ordning. Vi ska nu precisera detta resultat.

Sats 5.13

Om f är analytisk i D_R och inte är identiskt 0 så kan man skriva

$$f(z) = z^n g(z)$$

där g är analytisk, $g(0) \neq 0$, och n är ett heltal > 0. Om $|f(z)| \leq M$ i D_R så är $|g(z)| \leq MR^{-n}$ i D_R.

Bevis. Vi har enligt sats 5.11 att, för z i D_R,

$$f(z) = \sum_{n=0}^{\infty} a_k z^k,$$

och alla koefficienter är inte 0. Om a_n är den första koefficienten som inte är 0 så har vi

$$f(z) = z^n g(z) \quad \text{där } g(z) = \sum_{k=0}^{\infty} a_{k+n} z^k.$$

Serien konvergerar för $|z| < R$ så g är analytisk. Om $r < R$ har vi enligt maximumprincipen att

$$\sup_{|z| \leq r} |g(z)| = \sup_{|z|=r} |g(z)| = \sup_{|z|=r} |f(z)| r^{-n} \leq M r^{-n}.$$

Låter vi $r \to R$ så följer det sista påståendet. $\qquad\square$

Om $n > 0$ så säger man att f har ett nollställe i 0 av multipliciteten n. Vi har $g \neq 0$ i en omgivning av 0 så där finns inga ytterligare nollställen. Nollställena till en analytisk funktion är alltså *isolerade och har ändlig multiplicitet* (om funktionen inte är identiskt noll).

Låt $f \in A(\Omega)$ och låt $\omega \subset\subset \Omega$ vara sammanhängade med C^1 rand på vilken $f \neq 0$. Då kan f bara ha ändligt många nollställen i den kompakta mängden $\bar{\omega}$, för de skulle annars ha en hopningspunkt i ω och f skulle då vara identiskt 0 i ω vilket strider mot antagandet. Låt nollställena vara $z_1, \ldots, z_n$ och multipliciteterna $m_1, \ldots, m_n$. Då ger upprepad användning av sats 5.13 att

$$f(z) = g(z) \prod_{j=1}^{n} (z - z_j)^{m_j}$$

där g är analytisk i Ω och $g \neq 0$ i $\overline{\omega}$. Nu får vi att

$$\frac{f'(z)}{f(z)} = \frac{g'(z)}{g(z)} + \sum_{j=1}^{n} \frac{m_j}{z - z_j}.$$

Eftersom $g \neq 0$ i $\overline{\omega}$ så är g'/g analytisk i en omgivning, och Cauchys integralformel ger att

$$\frac{1}{2\pi i} \int_{\partial\omega} \frac{f'(z)}{f(z)} dz = \sum_{j=1}^{n} m_j.$$

Vi har därmed visat

Sats 5.14: Argumentprincipen

Om f är analytisk i Ω och om $\omega \subset\subset \Omega$ är ett delområde med C^1 rand på vilken $f \neq 0$ så är antalet nollställen till f i ω räknade med multipliciteter lika med

$$\frac{1}{2\pi i} \int_{\partial\omega} \frac{f'(z)}{f(z)} dz.$$

Observera att man i omgivningen av varje punkt z_0 med $f(z_0) \neq 0$ kan välja en analytisk gren av $\log f(z)$. Vi har då

$$\frac{f'(z)}{f(z)} = (\log f(z))' \quad \text{där} \quad \log f(z) = \log |f(z)| + i \arg f(z).$$

Integralen längs en liten kurvbåge på $\partial\omega$ är alltså variationen av $\log |f|$ plus i gånger variationen av $\arg f$ på den. Då man lägger samman alla sådana bidrag så faller realdelen bort eftersom $\log |f|$ är en entydig funktion. Innebörden av satsen är därför att variationen av $\arg f$ längs hela randen är lika med 2π gånger antalet nollställen. Därav namnet på satsen.

Exempel 5.6 Som ett exempel på användningen av satsen bestämmer vi antalet nollställen till polynomet

$$P(z) = z^4 + z^3 + z^2 + 1$$

i första kvadranten. Låt ω vara den del av D_R som ligger i första kvadranten med något stort R. (Som vanligt spelar det ingen roll att $\partial \omega$ har hörn.) På reella axeln är $P(x) > 0$ och vi definierar vi argumentet för P som noll där. På kvartscirkeln har vi

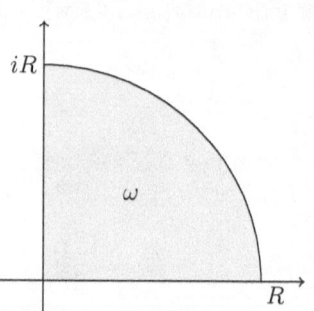

$$P(Re^{i\theta}) = R^4 e^{4i\theta}(1 + R^{-1}e^{-i\theta} + \ldots$$

$$+ R^{-4}e^{-4i\theta}).$$

Uttrycket i parantesen är mycket nära 1 då $0 \le \theta \le \pi/2$ om R är stor, så dess argument varierar inte mycket. Argumentet för $P(Re^{i\theta})$ ökar därför med nästan 2π på cirkelbågen. Om $0 \le y \le R$ har vi

$$P(iy) = y^4 - y^2 + 1 - iy^3,$$

och man ser lätt att $\operatorname{Re} P(iy) > 0$ där. Vidare är $P(0) = 1$ och $P(iy)/y^4 \to 1$ då $y \to \infty$. Eftersom argumentet för alla y kan väljas mellan $-\pi/2$ och $\pi/2$ går därför argumentvariationen på $(0, iR)$ mot 0 då $R \to \infty$. Vi ser att argumentvariationen sker på kvartscirkeln och är 2π, så vi ser att P har precis ett nollställe i första kvadranten.

Sats 5.15: Algebrans fundamentalsats

Ett polynom av graden m har m nollställen (räknade med multipliciteter).

Bevis. Om $f(z) = z^m + a_1 z^{m-1} + \ldots + a_m$, så är

$$\frac{f'(z)}{f(z)} = \frac{m}{z} + \frac{\sum_{k=0}^{m}(k-m)a_{m-k}z^k}{zf(z)},$$

och

$$|f(z)| = |z|^m |1 + \frac{a_1}{z} + \ldots + \frac{a_m}{z^m}| > \frac{|z|^m}{2}$$

om $|z|$ är stor. Vi har alltså $f'(z)/f(z) = m/z + O(|z|^{-2})$ då $z \to \infty$, så

$$\frac{1}{2\pi i} \int_{|z|=R} \frac{f'(z)dz}{f(z)} = m + O(\frac{1}{R}) \to m \text{ då } R \to \infty. \qquad \square$$

En annan omedelbar men viktig konsekvens av stats 5.14 är Rouchés sats

---

Sats 5.16: Rouchés sats

Om f och g är analytiska i Ω, om $\omega \subset\subset \Omega$ har C^1 rand och

$$|g(z)| < |f(z)| \quad \text{då } z \in \partial\omega,$$

så har f och $f + g$ lika många nollställen i ω.

Bevis. Låt $0 \leq t \leq 1$. Antalet nollställen till $f + tg$ i ω är

$$N(t) = \frac{1}{2\pi i} \int_{\partial\omega} \frac{(f'(z) + tg'(z))dz}{f(z) + tg(z)}.$$

Integranden är kontinuerlig eftersom

$$|f(z) + tg(z)| \geq |f(z)| - |g(z)| > 0 \text{ då } z \in \partial\omega \text{ och } 0 \leq t \leq 1.$$

Integralen är därför en kontinuerlig heltalsvärd funktion av t och alltså konstant. (Den måste vara konstant nära en godtycklig punkt $t \in [0,1]$ och har alltså derivatan 0 med avseende på t.) $\qquad\square$

Anmärkning En bevisvariant fås om vi observerar att

$$h(z) = \log(1 + \frac{g(z)}{f(z)})$$

kan definieras som en analytisk funktion nära $\partial\omega$ genom att man väljer en analytisk gren av $w \mapsto \log(1 + w)$ då $|w| < 1$ och sammansätter den med g/f. Då är

$$f(z) + g(z) = f(z)e^{h(z)} \quad \text{och} \quad \frac{f'(z) + g'(z)}{f(z) + g(z)} = \frac{f'(z)}{f(z)} + h'(z).$$

Sats 5.16 följer nu åter av argumentprincipen eftersom

$$\int_{\partial\omega} h'(z)dz = \int_{\partial\omega} dh(z) = 0.$$

Exempel 5.7 Vi ska bestämma antalet nollställen till ekvationen

$$z^2 - 5z = \cos z$$

då $|z| < 2$. För att göra det noterar vi att då $|z| = 2$ är $|z|^2 = 4$ och $|5z| = 10$ och med $y = \operatorname{Im} z$ har vi

$$|\cos z| \leq \frac{e^y + e^{-y}}{2} \leq \frac{e^2 + e^{-2}}{2} \leq \frac{9 + 1}{2} = 5.$$

Alltså är

$$|5z| > |z^2 - \cos z| \text{ då } |z| = 2.$$

Det sökta antalet nollställen är därför lika med antalet nollställen till $5z$ då $|z| < 2$, vilket betyder att det finns precis ett nollställe.

Vi kan också ge ett nytt och enklare bevis för inversa funktionssatsen. Tag en omgivning $\omega \subset\subset \Omega$ till z_0 med C^1 rand $\partial\omega$ så att $f(z) - f(z_0)$ bara har nollstället z_0 i ω, alltså

$$\frac{1}{2\pi i} \int_{\partial\omega} \frac{f'(z)dz}{f(z) - w} = 1 \quad \text{där } w = f(z_0).$$

Integralen är en kontinuerlig heltalsvärd funktion av w nära $f(z_0)$ så det finns en omgivning Ω_2 av $f(z_0)$ sådan att integralen är 1 för varje w i Ω_2, och Cauchys integralformel ger

$$z(w) = \frac{1}{2\pi i} \int_{\partial\omega} \frac{f'(z)dz}{f(z) - w} = 1 \quad \text{då } w \in \Omega_2.$$

Högerledet är en analytisk funktion av w vilket bevisar sats 3.4 med $\Omega_1 = \{z \in \omega; f(z) \in \Omega_2\}$. Vi har samtidigt fått en konstruktion av inversen.

Slutligen ger vi en sats av Hurwitz:

Sats 5.17: Hurwitz

Låt Ω vara sammanhängande och låt $f_j \in A(\Omega)$ vara sådana att $f_j \to f$ likformigt på varje kompakt delmängd av Ω då $j \to \infty$. Om f inte är identiskt noll så är varje nollställe till f gränsvärde för nollställen för f_j.

> Mera precist: ett delområde $\omega \subset\subset \Omega$ sådant att $f \neq 0$ på $\partial\omega$ medan ω innehåller N nollställen till f måste också innehålla exakt N nollställen till f_j för tillräckligt stora j.

Bevis. För stora j har vi $|f - f_j| < |f|$ på $\partial\omega$, varför satsen följer av Rouchés sats. (Observera att enligt sats 5.9 kan f bara ha isolerade nollställen.) $\qquad\square$

Isolerade singulariteter

Integranden i Cauchys integralformel (5.3) och allmännare (5.5) är en analytisk funktion bortsett från en enda singularitet. Vi skall nu diskutera mera allmänt egenskaperna hos funktioner som är analytiska i en omgivning av en punkt z_0 bortsett från punkten z_0 själv. För att förenkla beteckningarna antar vi $z_0 = 0$. (I annat fall inför man bara $z - z_0$ som ny variabel.) Låt alltså f vara analytisk i den punkterade cirkelskivan $\{z;\ 0 < |z| < R\}$.

Om

$$\omega_\epsilon = \{z;\ \epsilon < |z| < R - \epsilon\},\ 0 < \epsilon < \frac{R}{2},$$

har vi enligt Cauchys integralformel för z i ω_ϵ att

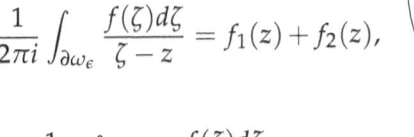

$$f(z) = \frac{1}{2\pi i} \int_{\partial\omega_\epsilon} \frac{f(\zeta)d\zeta}{\zeta - z} = f_1(z) + f_2(z),$$

där

$$\begin{cases} f_1(z) = \dfrac{1}{2\pi i} \displaystyle\int_{|\zeta| = R-\epsilon} \dfrac{f(\zeta)d\zeta}{\zeta - z}, & \text{då } |z| < R - \epsilon, \\[3mm] f_2(z) = -\dfrac{1}{2\pi i} \displaystyle\int_{|\zeta| = \epsilon} \dfrac{f(\zeta)d\zeta}{\zeta - z}, & \text{då } |z| > \epsilon. \end{cases}$$

Integralerna är oberoende av ϵ och definierar funktioner som är analytiska då $|z| < R$ och $|z| > 0$ respektive. Beviset för sats 5.6 ger oförändrat att

$$f_1(z) = \sum_{n=0}^{\infty} a_n z^n \quad \text{i } D_R,$$

där, med godtyckligt $0 < r < R$,

(5.13) $$a_n = \frac{1}{2\pi i} \int_{|\zeta| = r} f(\zeta)\zeta^{-n-1}d\zeta.$$

Om vi i definitionen av f_2 inför

$$\frac{-1}{\zeta - z} = \frac{1}{z} = \frac{1}{1 - \frac{\zeta}{z}} = \sum_{n=1}^{\infty} z^{-n} \zeta^{n-1},$$

vilket är legitimt eftersom $|\zeta|/|z| = \epsilon/|z| < 1$, så får vi med samma formella definition av a_n att

$$f_2(z) = \sum_{n=-\infty}^{-1} a_n z^n, \quad \text{då } |z| > 0.$$

Summan är likformigt konvergent i $\{z; |z| \geq \epsilon\}$ för varje $\epsilon > 0$. Vi har därmed bevisat

---

Sats 5.18

Om f är analytisk då $0 < |z| < R$ så är

(5.14) $$f(z) = \sum_{n=-\infty}^{\infty} a_n z^n,$$

där, där a_n ges av (5.13). Serien konvergerar för varje $\epsilon > 0$ likformigt då $\epsilon \leq |z| \leq R - \epsilon$.

Serien (5.14) kallas Laurentserien för f. Att (5.13) följer av (5.14) inses också genom termvis integration, för

$$\frac{1}{2\pi i} \int_{|\zeta|=r} \zeta^{k-1} d\zeta = \frac{1}{2\pi} \int_0^{2\pi} e^{ik\theta} r^k d\theta = \begin{cases} 0 \text{ om } k \neq 0 \\ r^k \text{ om } k = 0. \end{cases}$$

Föjdsats Om f är analytisk då $0 < |z| < R$ och $zf(z) \to 0$ då $z \to 0$ så existerar $\lim_{z\to 0} f(z)$. Med $f(0) = \lim_{z\to 0} f(z)$ blir f analytisk i cirkelskivan D_R. Man säger då att singulariteten i 0 är hävbar.

Bevis. Av (5.13) följer åter Cauchys olikheter

$$|a_n| \leq r^{-n} \max_{|z|=r} |f(z)|, \quad 0 < r < R.$$

Om $r \to 0$ får vi att $a_n = 0$ då $n < 0$, alltså att $f(z) = f_1(z)$. $\square$

Vi kan nu skilja på tre fall:

a) Alla koefficienterna a_n med $n < 0$ är lika med 0. Då är $f_2 = 0$, $\lim_{z \to 0} f(z)$ existerar och singulariteten är hävbar.

b) Det finns ett $N > 0$ sådant att $a_{-N} \neq 0$ men $a_n = 0$ för $n < -N$. Då är

$$z^N f(z) = \sum_{n=-N}^{-1} z^{N+n} a_n + z^N f_1(z) = g(z)$$

en analytisk funktion med $g(0) = a_{-N} \neq 0$. Alltså har vi att

$$|f(z)| = \frac{|g(z)|}{|z|^N} \to \infty \text{ då } z \to 0.$$

c) Oändligt många koefficienter a_n med $n < 0$ är skilda från 0. Då har $f(z)$ enligt följdsatsen ovan inget ändligt gränsvärde då $z \to 0$. Vi kan inte heller ha att $f(z) \to \infty$ då $z \to 0$, för då skulle $1/f$ ha en hävbar singularitet, alltså $1/f(z) = z^N g(z)$, där g är analytisk och $g(0) \neq 0$. Men detta innebär att $f(z) = (1/g(z))/z^N$ endast har ändligt många negativa potenser av z i sin Laurentserieutveckling, vilket är en motsägelse.

Exempel 5.8 För att utveckla

$$f(z) = \frac{1}{z(z+1)(z+2)}$$

i en Laurentserie då $0 < |z| < 1$ börjar vi med att partialbråksuppdela funktionen:

$$f(z) = \frac{1}{2z} - \frac{1}{z+1} + \frac{1}{2(z+2)}.$$

Alltså blir

$$f(z) = \frac{1}{2z} + \sum_{n=0}^{\infty} (-1)^n z^n + \frac{1}{4} \sum_{j=0}^{\infty} (-1)(\frac{z}{2})^n,$$

så svaret på uppgiften är

$$f(z) = \frac{1}{2z} + \sum_{n=0}^{\infty} (-1)^n (-1)^n (\frac{1}{2^{n+2}} - 1) z^n, \quad 0 < |z| < 1.$$

Om $1 < |z| < 2$ kan vi utveckla funktionen i en Laurentserie genom att skriva

$$\frac{1}{z+1} = \frac{1}{z(1+\frac{1}{z})} = \sum_{n=-\infty}^{-1} (-1)^{n-1} z^n.$$

Där har vi därför Laurentserien

$$f(z) = \sum_{n=-\infty}^{-2} -\frac{1}{2z} + \sum_{n=0}^{\infty} (-1)^n 2^{-n-2} z^n, \quad 1 < |z| < 2.$$

Då $|z| > 2$ får vi behandla den tredje termen på liknande sätt:

$$\frac{1}{2(z+2)} = \frac{1}{2z(1+\frac{2}{z})} = \sum_{n=-\infty}^{-1} (-1)^{n-1} 2^{-n-2} z^n$$

och alltså

$$f(z) = \sum_{n=-\infty}^{-2} (-1)^n (1 - 2^{-2-n}) z^n, \quad |z| > 2.$$

Anmärkning Exemplet exemplifierar följande utvidgning av Sats 5.18: Varje funktion som är analytisk i en cirkelring kan utvecklas i en en konvergent Laurentserie och konvergensen är likformig i varje kompakt delcirkelring. Detta lämnas som övning.

Definition 5

En funktion som är analytisk då $0 < |z| < R$ sägs ha en pol i 0 om den kan skrivas i formen

$$f(z) = \frac{g(z)}{z^N}$$

där g är analytisk då $|z| < R$, $g(0) \neq 0$ och N är ett positivt heltal som kallas polens ordning. Om $f(z)z^N$ inte är analytisk då $|z| < R$ för något N sägs f ha en väsentlig singularitet i 0.

Vi har alltså sett att f har en pol (hävbar singularitet) i 0 om och endast om $|f(z)| \to \infty$ (respektive $f(z)$ har ett ändligt gränsvärde) då $z \to 0$. Om f har en väsentlig singulartiet i 0 gäller enligt en berömd sats av Picard att f i varje omgivning av 0 antar alla värden i $\mathbb{C}$ med högst ett undantag. (För funktionen $z \mapsto e^{1/z}$ finns ett sådant undantag för den antar aldrig värdet 0.)

Kvoten f/g mellan två funktioner som är analytiska i ett sammanhängade område Ω där g inte är identiskt noll kan aldrig ha några andra singulariteter än poler. En sådan funktion sägs vara meromorf. Nära ett nollställe z_0 till g av ordningen m kan vi nämligen skriva

$$g(z) = (z - z_0)^m q(z)$$

där q är analytisk och $q(z_0) \neq 0$. Det följer då att

$$\frac{f(z)}{g(z)} = \frac{f(z)/q(z)}{(z - z_0)^m}$$

högst kan ha en pol av ordningen m i z_0. Taylorutveckling av $f(z)/q(z)$ ger Laurentutvecklingen av f/g i z_0. Om $f(z)/g(z) \to \infty$ då $z \to z_0$ definierar vi funktionsvärdet av f/g i z_0 som ∞.

Koefficienten

$$a_{-1} = \frac{1}{2\pi i} \int_{|z|=r} f(z)dz$$

i Laurentserien för f kallas *residyn* för f i punkten 0 och betecknas $\mathrm{Res}(f,0)$. Om f har en enkel pol i 0 så är

$$a_{-1} = \lim_{z \to 0} z f(z)$$

men i annat fall är det besvärligare att beräkna residyn. Begreppet residy tillåter en praktisk omformulering av Cauchys integralformel:

Sats 5.19: Residysatsen

Om f bortsett från isolerade singulariteter är analytisk i $\Omega \subset \mathbb{C}$ och om $\omega \subset\subset \Omega$ har C^1 rand $\partial\omega$ som inte innehåller några singulariteter, så gäller att

$$\frac{1}{2\pi i} \int_{\partial\omega} f(z)dz = \sum_k \mathrm{Res}(f, z_k)$$

där z_k är singulariteterna i ω.

Bevis. I ω kan bara finnas ändligt många singulariteter eftersom de annars skulle ha en hopningspunkt i $\overline{\omega}$. Låt ω_ϵ vara mängden av punkter i ω på avståndet $> \epsilon$ från varje singularitet z_k. Om ϵ är tillräckligt litet så har ω_ϵ en C^1 rand, och vi får

$$\int_{\partial \omega_\epsilon} f(z)dz = 0.$$

Nu består $\partial \omega_\epsilon$ av $\partial \omega$ och cirklarna $|z - z_k| = \epsilon$, genomlöpta i negativ riktning, vilket bevisar satsen. (Jämför med beviset för sats 5.3.) □

I nästa avsnitt ska vi ge ett antal exempel på hur man kan använda denna sats för att beräkna bestämda integraler. Som avslutning på detta avsnitt övergår vi i stället till att diskutera hur man kan rekonstruera en meromorf funktion med hjälp av dess singulariteter och uppförandet i oändligheten.

Exempel 5.9 Låt oss först betrakta

$$f(z) = \frac{p(z)}{q(z)},$$

där p och q är polynom, q inte identiskt 0. Låt z_j vara nollställena till q och låt

$$\sum_{k=1}^{m_j} a_{jk}(z - z_j)^{-k}$$

vara den singulära delen av Laurentserien för f i z_j. Här är m_j alltså högst lka med multipliciteten av nollstället z_j till q. Då har

$$g(z) = f(z) - \sum_j \left(\sum_{k=1}^{m_j} a_{jk}(z - z_j)^{-k} \right)$$

inte längre några singulariteter och är alltså en analytisk funktion i $\mathbb{C}$. Om q är av graden m,

$$q(z) = cz^m + O(z^{m-1}) \quad \text{då } z \to \infty, \quad c \neq 0,$$

så får vi för stora $|z|$

$$|q(z)| > c|z|^m/2.$$

Om p är av graden M så gäller därför med lämpligt C då $|z|$ är stor att

$$|f(z)| \leq C|z|^{M-m}.$$

Det följer då att

$$|g(z)| \leq C|z|^{M-m} + C_1|z|^{-1}$$

för stora $|z|$, så Liouvilles sats (sats 5.11) medför att g är ett polynom av grad $\leq M - m$. Alltså är

$$f(z) = g(z) + \sum_j (\sum_{k=1}^{m_j} a_{jk}(z - z_j)^{-k})$$

den vanliga partialbråksuppdelningen av f.

Exempel 5.10 Låt oss nu övergå till det mindre elementära exemplet

$$f(z) = \pi \cot(\pi z) = \frac{\pi \cos(\pi z)}{\sin(\pi z)}.$$

Ekvationen $\sin(\pi z) = 0$ betyder $e^{2\pi i z} = 1$ och är därför uppfylld precis då z är ett heltal k. Dessa nollställen är enkla, och

$$\text{Res}(f,k) = \lim_{z \to k} \frac{\pi(z - k)\cos(\pi z)}{\sin(\pi z)} = \lim_{w \to 0} \frac{\pi w \cos(\pi w)}{\sin(\pi w)} = 1.$$

Här har vi använt att f är periodisk med perioden 1. Den singulära delen av Laurentutvecklingen i k är alltså $1/(z - k)$, så vi inför

$$g_N(z) = \pi \cot(\pi z) - \sum_{k=-N}^{N} \frac{1}{z - k}$$

som är analytisk då $|z| < N + 1$. Gränsvärdet

$$g(z) = \lim_{N \to \infty} g_N(z)$$

existerar likformigt på varje kompakt mängd och är en analytisk funktion i $\mathbb{C}$. För varje $N_0 > 0$ har vi nämligen att

$$\sum_{N_0 < |k| < N} \frac{1}{z-k} = \sum_{k=N_0+1}^{N} \frac{2z}{z^2 - k^2}$$

där termernas absolutbelopp då $|z| \leq N_0$ kan uppskattas med $C_{N_0} k^{-2}$ och $\sum_k k^{-2} < \infty$. Eftersom

$$g_N(z+1) - g_N(z) = \frac{1}{z+N+1} - \frac{1}{z-N} \to 0 \text{ då } N \to \infty$$

så får vi att

(5.15) $g(z+1) = g(z).$

För att visa att g är en konstant räcker det enligt Liouvilles sats att visa att g är begränsad, och enligt (5.15) räcker det att visa att g är begränsad då $|\operatorname{Re} z| \leq 1/2$. Differensen

$$\pi \cot(\pi z) - \frac{1}{z}$$

är självklart begränsad då eftersom den är analytisk och har gränsvärdet $\pm \pi i$ då $z \to \infty$ i bandet. Vidare är

$$\left| \sum_{1}^{\infty} \frac{2z}{z^2 - k^2} \right| \leq \sum_{1}^{\infty} \frac{2|z|}{|z-k||z+k|}.$$

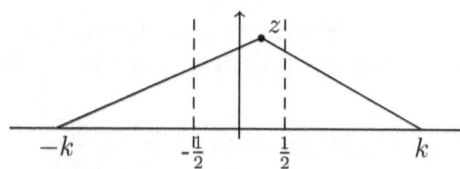

Då $k \leq 2|z|$ kan vi uppskatta termerna med $2|z|/|\operatorname{Im} z|^2$ och summan med

$$\frac{4|z|^2}{|\operatorname{Im} z|^2} = 4 + \frac{(\operatorname{Re} z)^2}{(\operatorname{Im} z)^2} \leq 5 \quad \text{om } |\operatorname{Im} z| > 5.$$

Termerna med $2|z| \leq k$ uppskattar vi med $8|z|/k^2$, för $|z \pm k| \geq k/2$, så summan kan uppskattas med

$$8|z| \sum_{kj>2|z|} \frac{1}{k^2} \to 4 \quad \text{då} \quad |z| \to \infty.$$

Alltså är g begränsd och därför en konstant som måste vara 0 eftersom g är en udda funktion. Vi har därmed visat att

(5.16) $$\pi \cot(\pi z) = \lim_{N \to \infty} \sum_{k=-N}^{N} \frac{1}{z-k}.$$

Serien här är inte absolut konvergent. Enligt sats 5.5 får vi emellertid derivera termvis, vilket ger en absolut konvergent serie då z inte är ett heltal,

(5.17) $$\frac{\pi^2}{\sin^2(\pi z)} = \sum_{k=-\infty}^{\infty} \frac{1}{(z-k)^2}.$$

Detta är ännu ett exempel på bestämning av en meromorf funktion med hjälp av dess singulariteter.

Beräkning av bestämda integraler

Vi skall nu behandla några av de vanligast förekommande typerna av bestämda integraler som kan beräknas med hjälp av Residysatsen. Som första exempel konstaterar vi att om p och q är polynom och q inte är noll på enhetscirkeln så är

(5.18) $$\frac{1}{2\pi i} \int_{|z|=1} \frac{p(z)dz}{q(z)} = \sum_{|z_k|<1} \text{Res}(p/q, z_k)$$

där z_k är nollställena till q. Om vi i vänsterledet inför $z = e^{i\theta}$ så får detta resultat formen

(5.19) $$\frac{1}{2\pi} \int_0^{2\pi} \frac{p(e^{i\theta})d\theta}{q(e^{i\theta})} = \sum_{|z_k|<1} \text{Res}(p/q, z_k).$$

Om vi inför $e^{i\theta} = \cos\theta + i\sin\theta$ så blir vänsterledet en rationell funktion av $\cos\theta$ och $\sin\theta$. Integralen av en sådan kan alltid beräknas med hjälp av (5.18) genom att vi ersätter $\cos\theta$ och $\sin\theta$ med

$(e^{i\theta} + e^{-i\theta})/2$ respektive $(e^{i\theta} - e^{-i\theta})/2i$. Detta belyses bäst med ett exempel.

Exempel 5.11 För att beräkna

$$\int_0^{2\pi} \frac{d\theta}{a + \cos\theta}$$

där $a \notin [-1,1]$ inför vi $z = e^{i\theta}$, $2\cos\theta = z + 1/z$, $dz = izd\theta$ och får

$$\int_0^{2\pi} \frac{d\theta}{a + \cos\theta} = 2\int_{|z|=1} \frac{1}{2a + z + \frac{1}{z}}\frac{dz}{iz} = \frac{2}{i}\int_{|z|=1} \frac{dz}{z^2 + 2az + 1}.$$

Nollställena till $z^2 + 2az + 1$ ges av $z = -a + \sqrt{a^2 - 1}$ med de två valen av kvadratroten. Produkten av dem är 1 och medelvärdet $-a$ ligger inte mellan -1 och 1, så ett nollställe ligger inuti och ett ligger utanför enhetscirkeln. Vi definierar kvadratroten så att den är positiv då $a > 1$ och den blir då entydigt definierad för a utanför $[-1,1]$ eftersom argumentet för $a^2 - 1$ ökar med 4π då man går ett varv runt $[-1,1]$. Av kontinuitetsskäl ger detta alltid den rot som ligger inuti enhetscirkeln. Där är residyn för integranden $2(2z + 2a)^{-1}i^{-1}$ så vi får

$$\int_0^{2\pi} \frac{d\theta}{a + \cos\theta} = \frac{2\pi}{\sqrt{a^2 - 1}}.$$

Vi ska återkomma till denna integral senare i ett sammanhang där den uppträder naturligt.

Då graden för p är minst 2 enheter lägre än graden för q och q inte har några nollställen på reella axeln så konvergerar

$$\int_{-\infty}^{\infty} \frac{p(x)}{q(x)}dx.$$

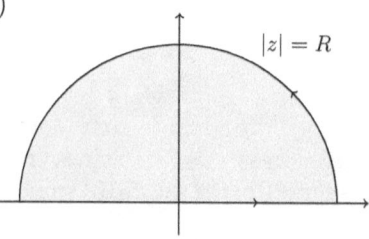

För att beräkna den integrerar vi $p(z)/q(z)$ över randen till halvcirkeln $\{z;\ |z| < R,\ \operatorname{Im} z > 0\}$ med R så stort att eventuella nollställen till q i övre halvplanet ligger i halvcirkeln. Eftersom

$$\frac{p(z)}{q(z)} = O(|z|^{-2}), \quad z \to \infty,$$

så kan integralen över halvcirkelbågen uppskattas med $CR^{-2}\pi R = C\pi/R$, så den går mot 0 då $R \to \infty$. Residysatsen ger nu att

$$\frac{1}{2\pi i}\int_{-R}^{R}\frac{p(x)}{q(x)}dx + \frac{1}{2\pi i}\int_{\substack{|z|=R \\ \text{Im } z>0}}\frac{p(z)dz}{q(z)} = \sum_{\text{Im } z_k>0}\text{Res}(p/q,z_k)$$

där z_k är nollställena till q, så vi får då $R \to \infty$

$$(5.20) \qquad \int_{-\infty}^{\infty}\frac{p(x)}{q(x)}dx = 2\pi i\sum_{\text{Im } z_k>0}\text{Res}(p/q,z_k).$$

Läsaren frågar sig kanske varför vi inte tog en halvcirkel i undre halvplanet istället. Svaret är att vi lika väl kunde ha gjort det, och resultatet blir då

$$(5.21) \qquad \int_{-\infty}^{\infty}\frac{p(x)dx}{q(x)} = -2\pi i\sum_{\text{Im } z_k<0}\text{Res}(p/q,z_k).$$

De två resultaten måse överensstämma så vi har

$$\sum_{k}\text{Res}(p/q,z_k) = 0$$

vilket också visas direkt genom integration av $p(z)/q(z)$ över en cirkel $|z| = R$ med $R \to \infty$.

Exempel 5.12 Vi skall beräkna

$$\int_{-\infty}^{\infty}\frac{dx}{(1+x^2)^2}.$$

Det enda nollstället till nämnaren i övre halvplanet är $z = i$. Vi har att

$$\frac{1}{(1+(z+i)^2)^2} = \frac{1}{(2iz+z^2)^2} =$$

$$-\frac{(1-iz/2)^{-2}}{4z^2} = -\frac{1+iz+\dots}{4z^2} = -\frac{1}{4z^2} - \frac{i}{4z} + \dots$$

Residyn är därför $-i/4$ och integralens värde är $\pi/2$.

Även om graden för p är exakt en enhet lägre än graden för q så kan föregående diskussion användas med en viss försiktighet. Om

$$p(z) = p_0 z^k + p_1 z^{k-1} + \ldots, \quad q(z) = q_0 z^{k+1} + q_1 z^k + \ldots$$

och $p_0 q_0 \neq 0$ så har vi (se beviset för algebrans fundamentalsats)

$$\frac{p(z)}{q(z)} = \frac{p_0}{q_0 z} + O(z^{-2}).$$

Integralen över halvcirkeln blir då

$$\int_{\substack{|z|=R \\ \operatorname{Im} z > 0}} \frac{p_0 dz}{q_0 z} + O(\frac{1}{R}) = \frac{\pi i p_0}{q_0} + O(\frac{1}{R})$$

så vi får att

(5.22) $$\lim_{R\to\infty} \int_{-R}^{R} \frac{p(x)}{q(x)} dx = 2\pi i \left(\sum_{\operatorname{Im} z_k > 0} \operatorname{Res}(p/q, z_k) - \frac{p_0}{2q_0} \right).$$

(Integralen är inte konvergent om man inte föreskriver symmetriska övre och undre integrationsgränser.) På samma sätt får vi

(5.23) $$\lim_{R\to\infty} \int_{-R}^{R} \frac{p(x) dx}{q(x)} = -2\pi i \left(\sum_{\operatorname{Im} z_k < 0} \operatorname{Res}(p/q, z_k) - \frac{p_0}{2q_0} \right).$$

Det går också att beräkna integraler där integranden är produkten av en rationell och en trigonometrisk funktion, t.ex.

$$\int_{-\infty}^{\infty} \frac{p(x) dx}{q(x)} \cos(x\xi) dx.$$

Sådana kommer att få stor betydelse inom den s.k Fourieranalysen. Emellertid är

$$\cos(x\xi) = \frac{e^{ix\xi} + e^{-ix\xi}}{2}$$

exponentiellt växande i både övre och undre halvplanet så vi måste dela upp $\cos(x\xi)$ i två termer och behandla dem var för sig. Betrakta alltså i stället

$$\int_{-\infty}^{\infty} \frac{p(x)}{q(x)} e^{ix\xi} dx$$

där graden av q är minst två enheter högre än graden av p och $\zeta > 0$. Då är $e^{ix\zeta}$ begränsad i övre halvplanet och vi får som i beviset för formeln (5.20) att

$$(5.24) \qquad \int_{-\infty}^{\infty} \frac{p(x)}{q(x)} e^{ix\zeta} dx = 2\pi i \sum_{\operatorname{Im} z_k > 0} \operatorname{Res}\left(\frac{p(z)}{q(z)} e^{iz\zeta}, z_k\right).$$

På samma sätt får vi att

$$(5.25) \qquad \int_{-\infty}^{\infty} \frac{p(x)}{q(x)} e^{ix\zeta} dx = -2\pi i \sum_{\operatorname{Im} z_k < 0} \operatorname{Res}\left(\frac{p(z)}{q(z)} e^{iz\zeta}, z_k\right).$$

då $\zeta < 0$. Observera att vi nu inte längre kan välja vilket halvplan vi vill operera i. Om graden av p bara är en enhet lägre än graden för q får vi då $\zeta > 0$ att

$$(5.26) \qquad \lim_{R \to \infty} \int_{-R}^{R} \frac{p(x)}{q(x)} e^{ix\zeta} dx = 2\pi i \sum_{\operatorname{Im} z_k > 0} \operatorname{Res}\left(\frac{p(z)}{q(z)} e^{iz\zeta}, z_k\right),,$$

respektive, då $\zeta < 0$,

$$(5.27) \qquad \lim_{R \to \infty} \int_{-R}^{R} \frac{p(x)}{q(x)} e^{ix\zeta} dx = -2\pi i \sum_{\operatorname{Im} z_k < 0} \operatorname{Res}\left(\frac{p(z)}{q(z)} e^{iz\zeta}, z_k\right).$$

Vi har nämligen att

$$\int_{\substack{|z|=R \\ \operatorname{Im} z > 0}} \frac{e^{iz\zeta} dz}{z} = i \int_0^{\pi} e^{iR\zeta \cos \theta - R\zeta \sin \theta} d\theta.$$

Om $c > 0$ väljs så att $\sin \theta > c\theta$ då $0 < \theta < \pi/2$ så kan integralen uppskattas med

$$2 \int_0^{\pi/2} e^{-R\zeta c\theta} d\theta < \frac{2}{R\zeta c} \to 0 \quad \text{då} \quad R \to \infty,$$

så den integral som tidigare gav upphov till tilläggstermerna i (5.22) och (5.23) går nu mot noll.

En annan typ av integral som man kan beräkna är

$$\int_0^{\infty} \frac{p(x)}{q(x)} x^a \, dx$$

där $\operatorname{Re} a > -1$, $\operatorname{Re} a + (\text{ graden för } p) - (\text{ graden för } q) < -1$, och q saknar nollställen på positiva reella axeln. Då kan man nämligen precis som i exempel 5.2 visa att med konventionen $0 < \arg z < 2\pi$ gäller att

$$(5.28) \qquad (1 - e^{2\pi i a}) \int_0^{\infty} \frac{p(x)}{q(x)} x^a \, dx = 2\pi \sum_k \operatorname{Res}\left(\frac{p(z)}{q(z)} z^a, z_k\right).$$

Detta bevisas genom att vi in-
tegrerar längs den blå kurvan i
figuren till höger och sedan låter
$\epsilon \to 0$ och $R \to \infty$.

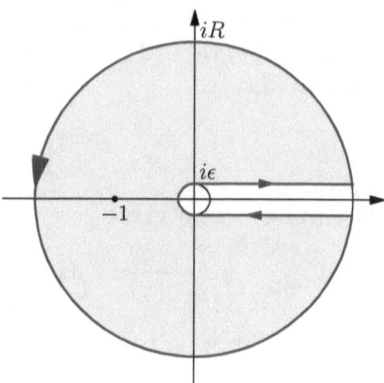

Ett likartat argument kan använ-
das för vissa integraler som inne-
håller logaritmfunktioner. Låt
åter graden av p vara två enhe-
ter lägre än graden av q och an-
tag att q saknar nollställen på
positiva reella axeln. Om r är
ett polynom och vi integrerar
$(p(z)/q(z))r(\log z)$ längs kurvan
till höger, så får vi som i exempel 5.1 så får vi att

$$(5.29) \qquad \int_0^\infty \frac{p(x)}{q(x)}(r(\log x) - r(\log x + 2\pi i))dx =$$

$$2\pi i \sum_j \text{Res}(\frac{p(z)r(\log z)}{q(z)}, z_j)).$$

Här är $r_1(t) = r(t) - r(t + 2\pi i)$ ett polynom av lägre gradtal. Om vi
tar $r(t) = t^k$ så får vi

$$r_1(t) = 2ikt^{k-1} + \text{ termer av lägre grad}$$

så vi kan successivt beräkna

$$(5.30) \qquad \int_0^\infty \frac{p(x)}{q(x)}(\log x)^{k-1}dx$$

då $k > 1$ om vi kan beräkna integralen då $k = 1$. Då $k = 2$ får vi

$$\int_0^\infty \frac{p(x)}{q(x)}(4\pi^2 - 4\pi i \log x)dx = 2\pi i \sum_j \text{Res}(\frac{p(z)}{q(z)}(\log z)^2, z_j).$$

Om p och q är reella kan vi separera real- och imaginärdelarna för
att beräkna (5.7) både för $k = 1$ och $k = 2$ och kan sedan bestämma
(5.7) för alla k.

Ytterligare tillämpningar på analytiska funktioner och Cauchys inte-
gralformel diskuteras i Bilaga C som handlar om spektralteori, och
Bilaga D, som handlar om Newtons interpolationsformel.

6

Konform avbildning

Introduktion

De analytiska funktionerna i en cirkelskiva kan beskrivas mycket enkelt med hjälp av potensserierutvecklingar. Eftersom sammansättning av analytiska funktioner alltid ger en analytisk funktion så kan man reducera studiet av analytiska funktioner i ett område Ω till fallet av en cirkelskiva så snart det finns en analytisk avbildning av Ω på en cirkelskiva med analytisk invers.

Att avbilda ett enkelt sammanhängande område i det komplexa talplanet bijektivt på en cirkelskiva med en analytisk funktion går alltid enligt en sats av Riemann. Men den är en ren existenssats, som inte ger någon vägledning om hur en sådan avbildning ser ut. Avsikten med detta kapitel är att diskutera några speciella sådana avbildningar. Ett bevis för Riemanns avbildningssats för mycket allmänna områden ges i Bilaga I.

Definitioner och Schwartz lemma

Vi börjar vår diskussion med att via att kravet på existens av analytisk invers kan skenbart försvagas.

Sats 6.1

Om $f \in A(\Omega)$ är injektiv[5], så är

$$\Omega' = \{f(z), \ z \in \Omega\}$$

en öppen mängd och det finns en analytisk invers $f^{-1} : \Omega' \to \Omega$ till f.

Bevis. Om $z_0 \in \Omega$ så måste $f^{(k)}(z_0) \neq 0$ för något $k \neq 0$ för annars vore f konstant i en omgivning. Låt k vara det minsta heltalet med denna egenskap. Då kan vi för små z utveckla i en potensserie

$$f(z_0 + z) = f(z_0) + z^k(\sum_0^\infty a_j z^j)$$

där $a_0 \neq 0$. Vi har därför att

$$f(z_0 + z) = f(z_0) + g(z)^k, \quad \text{där} \quad g(z) = z(\sum_0^\infty a_j z^j)^{1/k}$$

är analytisk i en omgivning av origo och $g'(0) = a_0^{1/k}$. (Vi väljer en godtycklig men fix gren av k:te roten nära a_0.) Alltså avbildar g en omgivning av 0 på en omgivning av 0, så f avbildar en omgivning av z_0 på en omgivning av $f(z_0)$. Varje värde antas k gånger så k måse vara 1. Detta visar att Ω' är öppen och att inversen är analytisk. $\square$

En analytisk funktion f med $f' \neq 0$ definierar en konform[6] och orienteringsbevarande avbildning. Omvänt definieras varje sådan avbildning av en analytisk funktion. Konforma avbildningar som omkastar orienteringen erhålls genom sammansättning med exempelvis speglingen $z \to \bar{z}$ och de har inget särskilt intresse för oss här. Med en konform avbildning kommer vi därför i fortsättningen att underförstå konform *och* orienteringsbevarande avbildning.

Två konforma avbildningar av samma område på en cirkelskiva skiljer sig med en konform avbildning av denna på sig själv. Mera precist: om avbildningarna är f_j så är $f_1 \circ f_2^{-1}$ en konform avbildning av cirkelskivan på sig själv. De Möbiusavbildningar som avbildar cirkelskivan på sig själv har vi sett i kapitel 1 har formen

$$z \to \frac{a(z - \zeta)}{1 - \bar{z}\zeta}, \quad |\zeta| < 1, \ |a| < 1,$$

och vi skall nu visa att det inte finns några andra konforma avbild-
ningar av cirkelskivan. Först bevisar vi

Sats 6.2: Schwartz lemma

Om f är en analytisk funktion i enhetscirkeln med

$$|f(z)| \leq 1 \quad \text{då} \quad |z| < 1 \quad \text{och} \quad f(0) = 0,$$

så gäller att $|f(z)| \leq |z|$. Om likhet uppnås för något $z \neq 0$ så
är $f(z) = cz$, där c är en konstant med $|c| = 1$.

Bevis. Eftersom $f(0) = 0$ kan vi skriva $f(z) = zg(z)$ där g är ana-
lytisk och $|g(z)| \leq 1$ då $|z| < 1$. Enligt maximumprincipen är g
konstant om $|g(z)| = 1$ för något sådant z.   □

Sats 6.3

Varje konform avbildning av enhetscirkeln $\mathbb{D}$ på sig själv är en
Möbiusavbildning.

Bevis. Låt f vara en sådan avbildning. Välj en Möbiusavbildning g
av enhetscirkeln på sig själv med $g(f(0)) = 0$. Då är

$$h(z) = g(f(z))$$

en konform avbildning av $\mathbb{D}$ på sig själv och $h(0) = 0$. Schwartz'
lemma ger därför att

$$|h(z)| \leq |z|, \quad |z| < 1.$$

Alltså ger Schwartz lemma att $h(z) = cz$ med $|c| = 1$, och vi får

$$f(z) = g^{-1}(cz)$$

vilket är en Möbiusavbildning.   □

Avbildningar av några enkla områden på en-hetscirkelskivan

Godtyckliga cirkelområden kan avbildas konformt på enhetscirkel-
skivan $\mathbb{D}$ med en Möbiusavbildning. Vi skall nu diskutera några

andra fall där detta är möjligt med hjälp av de elementära funktionerna.

a) Låt Ω vara en sektor $0 < \arg z < \alpha$. Avbildningen

$$z \mapsto z^{\pi/\alpha}$$

avbildar då Ω konformt på övre halvplanet. En konform avbildning på $\mathbb{D}$ erhålles genom sammansättning med Möbiustranformationen $w \mapsto (w-i)/(w+i)$. Den sammansatta avbildningen blir

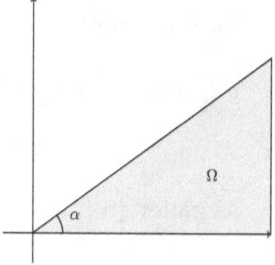

$$z \mapsto \frac{z^{\pi/\alpha} - i}{z^{\pi/\alpha} + i}.$$

I fortsättningen skriver vi inte upp sådana slutresultat utan nöjer oss med reduktion till ett redan behandlat fall.

b) Låt Ω vara ett område begränsat av två cirkelbågar som i figuren till höger. Beteckna skärningspunkterna med z_0 och z_1. En Möbiusavbildning som överför z_0 i 0 och z_1 i ∞ överför de två cirklarna i räta linjer, och Ω övergår i en sektor. Genom att fortsätta som i a) får vi en konform avbildning på $\mathbb{D}$.

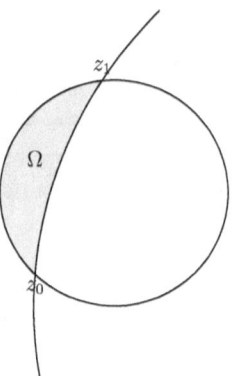

c) Ett godtyckligt band kan genom en lineär avbildning överföras i

$$\Omega = \{z;\ 0 < \operatorname{Im} z < \pi\}.$$

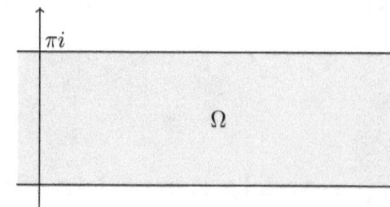

Avbildningen

$$z \mapsto e^z$$

avbildar Ω konformt på övre halvplanet.

d) Ett halv band

$$\Omega = \{z;\ 0 < \operatorname{Im} z < \pi,\ \operatorname{Re} z > 0\}$$

avbildas av den konforma avbildningen i c) på området

$$\{z;\ \operatorname{Im} z > 0,\ |z| > 1\}$$

som redan behandlats i b).

e) En konform avbildning av $\mathbb{C}$ uppsku-
ret längs reella axeln utanför $(-1, 1)$ på
övre halvplanet ges av

$$z \rightarrow z + i\sqrt{1 - z^2}$$

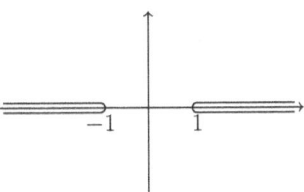

där vi använder den gren av kvadrat-
roten i $\mathbb{C}$, uppskuret längs negativa re-
ella axeln, som är positiv på positiva
axeln. En nära besläktad avbildning är

$$z \rightarrow \zeta = z + \sqrt{z^2 - 1}$$

för z i det utvidgade komplexa planet, uppskuret längs $[-1, 1]$.
Kvadratroten är väldefinierad eftersom argumentet för $z^2 - 1$ ökar
med 4π då man går runt $[-1, 1]$ ett varv. Inversen ges av

$$z = \frac{\zeta + \zeta^{-1}}{2} = \frac{1}{2}\left(r + \frac{1}{r}\right)\cos\theta + \frac{i}{2}\left(r - \frac{1}{r}\right)\sin\theta, \quad \text{där} \quad \zeta = re^{i\theta}.$$

Cirkeln $|\zeta| = r$ svarar därför mot ellipsen med halvaxlarna
$(r + 1/r)/2$ och $|r - 1/r|/2$ och brännpunkterna ± 1. Det yttre av
enhetscirkeln i ζ-planet inklusive punkten i ∞ motsvarar det längs
$[-1, 1]$ uppskurna utvidgade talplanet. Vi får också en avbildning
av det yttre av en ellips på det yttre av en cirkel.

7

Harmoniska funktioner

Introduktion

Real- och imaginärdelen av en analytisk funktion är båda reellvärda funktioner på $\mathbb{R}^2$ av en speciell typ. De är harmoniska funktioner. I det här avsnittet ska vi titta närmare på hur vissa egenskaper hos analytiska funktioner får sin motsvarighet för harmoniska funktioner. En skillnad är dock att harmoniska funktioner har en naturlig definition på godtyckliga rum $\mathbb{R}^n$ där dessa egenskaper också gäller i lämplig form.

Definitioner och grundläggande egenskaper

Enligt definitionen är en analytisk funktion f i en öppen delmängd Ω av $\mathbb{C}$ är en C^1 lösning till Cauchy-Riemanns differentialekvation

$$\frac{\partial f}{\partial \bar{z}} = 0.$$

Enligt Sats 5.1 är f då automatiskt oändligt deriverbar. Vi kan därför erhålla en differentialekvation med reella koefficienter genom att använda operatorn $\partial/\partial z$ på detta, vilket ger

$$\frac{\partial^2 f}{\partial z \partial \bar{z}} = 0.$$

Här är

$$\frac{\partial^2}{\partial z \partial \bar{z}} = \frac{1}{4}\left(\frac{\partial^2}{\partial x^2} + \frac{\partial^2}{\partial y^2}\right) = \Delta/4$$

där

$$\Delta = \frac{\partial^2}{\partial x^2} + \frac{\partial^2}{\partial y^2}$$

kallas för Laplaceoperatorn. Vi har alltså att

$$\Delta f = 0$$

och som Δ har reella koefficienter följer härav att $\Delta \operatorname{Re} f = 0$ och $\Delta \operatorname{Im} f = 0$ om vi separerar real- och imaginärdelarna.

Definition 6

En funktion $u \in C^2(\Omega)$ kallas harmonisk i Ω om $\Delta u = 0$ i Ω.

Vi har då ovan bevisat det första påståendet i nästa sats.

Sats 7.1

Real- och imaginärdelarna av en analytisk funktion är harmoniska funktioner. Omvänt är varje reellvärd harmonisk funktion i en cirkelskiva realdelen av en analytisk funktion där.

Bevis. För att bevisa det andra påståendet, låt u vara en reellvärd harmonisk funktion i $D_R = \{z \in \mathbb{C}; \ |z| < R\}$. Då är

$$f = 2\frac{\partial u}{\partial z} = \frac{\partial u}{\partial x} - i\frac{\partial u}{\partial y}$$

en analytisk funktion, för

$$\frac{\partial f}{\partial \bar{z}} = 2\frac{\partial^2 u}{\partial z \partial \bar{z}} = \frac{1}{2}\Delta u = 0.$$

Nu visar potentsserieutvecklingen av f att vi kan finna en analytisk funktion F i D_R med $F' = f$. Vi väljer den med $F(0) = u(0)$. Eftersom

$$2\frac{\partial \operatorname{Re} F}{\partial z} = \frac{\partial}{\partial z}(F(z) + \overline{F(z)}) = F'(z) = f(z) = 2\frac{\partial u}{\partial z}$$

så är differentialen av $\operatorname{Re} F - u$ lika med 0, alltså $\operatorname{Re} F - u$ lika med en konstant, som måste vara noll eftersom vi valt $F(0) = u(0)$. $\square$

En viktig konsekvens av Sats 7.1 är

Sats 7.2: Gauss medelvärdessats

Om u är harmonisk i en omgivning av cirkelskivan

$$\{(x,y) \in \mathbb{R}^2;\ (x-x_0)^2 + (y-y_0)^2 \leq r^2\}$$

så är $u(x_0,y_0)$ lika med medelvärdet över randen

$$u(x_0,y_0) = \frac{1}{2\pi} \int_0^{2\pi} u(x_0 + r\cos\theta, y_0 + r\sin\theta)\, d\theta.$$

Bevis. Vi kan anta att u är reell. Då är $u = \operatorname{Re} f$ för någon analytisk funktion och med beteckningen $z_0 = x_0 + iy_0$ får vi av Cauchys integralformel att

$$f(z_0) = \frac{1}{2\pi i} \int_{|z-z_0|=r} \frac{f(z)}{z-z_0}\, dz = \frac{1}{2\pi} \int_0^{2\pi} f(z_0 + re^{i\theta})\, d\theta.$$

Om vi tar realdelen får vi Gauss medelvärdessats. □

Av Sats 7.2 följer genast maximumprincipen för harmoniska funktioner:

Sats 7.3

Om u är reellvärd och kontinuerlig i en kompakt delmängd K av $\mathbb{C}$ och är harmonisk i det inre av K så är

$$u(x,y) \leq \max_{\partial K} u, \quad (x,y) \in K.$$

Om likhet gäller i en inre punkt så är u konstant i en omgivning av denna.

Bevis. Låt M vara maximum av u i K och antag att M antas i en inre punkt (x_0, y_0). Enligt medelvärdessatsen Sats 7.2 har vi då att

$$\int_0^{2\pi} (u(x_0 + r\cos\theta, y_0 + r\sin\theta) - M)d\theta = 0$$

då r är mindre än avståndet till randen. Integranden är ≤ 0 så den måste vara identiskt noll. Alltså är $u = M$ i en cirkelskiva med medelpunkt i (x_0, y_0) som innehåller en randpunkt, så $M = \max_{\partial K} u$ och satsen är bevisad. □

Anmärkning Om f är en analytisk funktion så är $\log|f| =$ Re $\log f$ en harmonisk funktion där $f \neq 0$. (I ett öppet område där $\arg f$ har en entydig kontinuerlig definition är också $\arg g =$ Im $\log f$ harmonisk.) Det är därför lätt att av Sats 7.3 erhålla maximumprincipen för analytiska funktioner. Beviset för det två satserna är för övrigt ganska lika.

Tillsammans med Sats 5.4 visar sats 7.3 att även harmoniska funktioner är oändligt deriverbara. Eftersom sammansättningen av analytiska funktioner är analytisk får vi slutligen av Sats 7.1 att

---

Sats 7.4

Om u är harmonisk och f är en analytisk funktion, så är sammansättningen $u \circ f$ en harmonisk funktion där den är definierad.

På grund av Sats 7.4 kan man reducera studiet av harmoniska funktioner i ganska allmänna områden till studiet av harmoniska funktioner i enhetscirkelskivan. Detta är ämnet för nästa avsnitt.

Harmoniska funktioner i enhetscirkelskivan

Låt u vara en kontinuerlig funktion i det slutna höljet av enhetscirkelskivan

$$\mathbb{D} = \{(x,y);\ x^2 + y^2 < 1\}$$

som är harmonisk i $\mathbb{D}$. Vi vill bestämma u i det inre med hjälp av värdena på randen. Enligt Gauss medelvärdessats gäller för $r < 1$ att

$$u(0,0) = \frac{1}{2\pi} \int_0^{2\pi} u(r\cos\theta, r\sin\theta)\, d\theta.$$

Då $r \to 1$ får vi att

$$u(0,0) = \frac{1}{2\pi} \int_0^{2\pi} u(\cos\theta, \sin\theta)\, d\theta$$

eller, om vi inför komplexa beteckningar, att

$$u(0) = \frac{1}{2\pi i} \int_{|\zeta|=1} u(\zeta)\frac{d\zeta}{\zeta}.$$

För att bestämma u i en annan punkt $z \in \mathbb{D}$ kan vi använda en Möbiustransformation som avbildar $\mathbb{D}$ i sig själv och 0 i z,

$$w = \frac{\zeta + z}{1 + \bar{\zeta} z}, \quad \Longleftrightarrow \quad \zeta = \frac{w - z}{1 - w\bar{z}}.$$

Enligt Sats 7.4 är $U(\zeta) = u(\frac{\zeta+z}{1+\bar{\zeta}z})$ en harmonisk funktion i $\mathbb{D}$ så vi får att $u(z)$ är lika med

$$U(0) = \int_{|\zeta|=1} U(\zeta) \frac{d\zeta}{2\pi i \zeta} = \frac{1}{2\pi i} \int_{|w|=1} u(w) \left(\frac{1}{w - z} + \frac{\bar{z}}{1 - w\bar{z}} \right) dw.$$

Då $|w| = 1$ har vi att $1/w = \bar{w}$ och alltså att

$$(7.1) \qquad \frac{1}{w - z} + \frac{\bar{z}}{1 - w\bar{z}} = \frac{1 - |z|^2}{(w - z)(1 - w\bar{z})} = \frac{1 - |z|^2}{|w - z|^2 w}.$$

Om vi här sätter $w = e^{i\theta}$ får vi nu att

$$(7.2) \qquad u(z) = \frac{1}{2\pi} \int_0^{2\pi} u(e^{i\theta}) \frac{1 - |z|^2}{|e^{i\theta} - z|} \, d\theta.$$

Högerledet kallas för Poissonintegralen och

$$P(z, \theta) = \frac{1}{2\pi} \frac{1 - |z|^2}{|e^{i\theta} - z|}$$

kallas för Poissonkärnan. Om vi tar $u = 1$ i (7.2) får vi att

$$(7.3) \qquad \int_0^{2\pi} P(z, \theta) \, d\theta = 1, \quad |z| < 1.$$

Vi har nu följande sats där $S^1 = \partial \mathbb{D}$ betecknar enhetscirkeln.

Sats 7.5

För varje kontinuerlig funktion u_0 på S^1 finns en och endast en harmonisk funktion u i Ω som är kontinuerlig i $\overline{\mathbb{D}}$ och har randvärdena u_0.

Bevis. Vi har redan visat att en sådan funktion måste, för $z \in \mathbb{D}$, ges av

$$(7.4) \qquad u(z) = \int_0^{2\pi} u_0(e^{i\theta}) P(z, \theta) \, d\theta.$$

Av (7.1) följer genast att $P(z, \theta)$ är en harmonisk funktion av z, så derivation under integraltecknet visar att u är harmonisk i $\mathbb{D}$. Det gäller därför bara att visa att $u(z) \to u_0(e^{i\psi})$ då $z \to e^{i\psi}$. Enligt (7.3) har vi att

$$u(z) - u(e^{i\psi}) = \int_0^{2\pi} (u_0(e^{i\theta}) - u_0(e^{i\psi})) P(z, \theta)\, d\theta.$$

Givet $\epsilon > 0$ finns en omgivning I till $e^{i\psi}$ där $|u_0(e^{i\theta}) - u_0(e^{i\psi})| < \epsilon$. Integralen över I kan då uppskattas med ϵ, så

$$|u(z) - u_0(e^{i\psi})| < \epsilon + 2 \max |u_0| \int_{I^c} P(z, \theta)\, d\theta.$$

Men i $\complement I$ gäller att $P(z, \theta) \to 0$ likformigt då $z \to e^{i\psi}$, eftersom $1 - |z|^2 \to 0$ och $|z - e^{i\theta}|$ är begränsad nedåt. Detta bevisar satsen.□

Sats 7.5 löser för enhetscirkelskivan Dirichlets problem att finna en harmonisk funktion i ett område med givna värden på randen. Av Sats 7.4 följer att vi genast kan erhålla en lösning av Dirichlets problem för varje område för vilket vi känner en konform avbildning på enhetscirkelskivan. Som exempel tar vi övre halvplanet $\operatorname{Im} z > 0$ som vi betraktar som en del av Riemannsfären, alltså med en randpunkt i ∞. Vi vill föreskriva randvärden på reella axeln som har samma gränsvärde A i $\pm\infty$, och vi söker en harmonisk funktion med de givna randvärdena som dessutom går mot A i ∞. Om $\operatorname{Im} z > 0$ är

$$w \to w' = \frac{w - z}{w - \bar{z}}$$

en konform avbildning av övre halvplanet på $\mathbb{D}$. Om u är harmonisk i övre halvplanet och vi sätter $u(w) = U(w')$ så blir U därför harmonisk i $\mathbb{D}$ och

$$u(z) = U(0) = \frac{1}{2\pi i} \int_{|w'|=1} U(w') \frac{dw'}{w'} =$$

$$\frac{1}{2\pi i} \int_{-\infty}^{\infty} u_0(w) \left(\frac{1}{w - z} - \frac{1}{w - \bar{z}} \right) dw = \frac{\operatorname{Im} z}{\pi} \int_{-\infty}^{\infty} \frac{u_0(w)}{|w - z|^2} dw.$$

Av Sats 7.5 följer alltså att

(7.5) $$u(z) = \frac{\operatorname{Im} z}{\pi} \int_{-\infty}^{\infty} \frac{u_0(w)}{|w - z|^2} dw$$

är den enda harmoniska funktionen i övre halvplanet med de givna randvärdena. (Observera villkoret i oändligheten. Im z är en harmonisk funktion i övre halvplanet som är noll på reella axeln men den går inte mot noll i oändligheten.)

Vi ska komplettera Sats 7.5 med att beräkna den analytiska funktion f i enhetscirkelskivan som har realdelen u och vars imaginärdel i 0 lika med 0. Enligt (7.1) har vi att

$$u(z) = \frac{1}{2\pi} \int_0^{2\pi} \left(\frac{e^{i\theta}}{e^{i\theta} - z} + \frac{\bar{z}}{e^{-i\theta} - \bar{z}} \right) u_0(e^{i\theta}) \, d\theta.$$

Eftersom $u = \operatorname{Re} u$ så har

(7.6) $$f(z) = \frac{1}{2\pi} \int_0^{2\pi} \frac{e^{i\theta} + z}{e^{i\theta} - z} u_0(e^{i\theta}) \, d\theta,$$

realdelen u. Vidare är $f(0) = u(0)$ och f är analytisk i $\mathbb{D}$ eftersom integranden är det. Alltså är f den sökta funktionen. Man kallar Im f för den konjugerade harmoniska funktionen till u. Vi ska undersöka dess randvärden på enhetscirkeln. Om $r < 1$ och $\psi \in [0, 2\pi)$ så ger en translation av θ att

$$\operatorname{Im} f(re^{i\psi}) = \frac{1}{2\pi} \int_{-\pi}^{\pi} \frac{-r \sin \theta}{|e^{i\theta} - r|^2} u_0(e^{i(\theta + \psi)}) d\theta$$

eftersom

$$\operatorname{Im} \frac{e^{i\theta} + r}{e^{i\theta} - r} = \operatorname{Im} \frac{(e^{i\theta} + r)(e^{-i\theta} - r)}{|e^{i\theta} - r|^2} = \frac{-2r \sin \theta}{|e^{i\theta} - r|^2}.$$

Här kan vi inte utan vidare låta $r \to 1$, för

$$\lim_{r \to 1} \frac{-2r \sin \theta}{|e^{i\theta} - r|^2} = \frac{-\sin \theta}{|e^{i\theta} - 1|^2} = -\frac{2 \sin \frac{\theta}{2} \cos \frac{\theta}{2}}{4 \sin^2 \frac{\theta}{2}}$$

är inte en integrerbar funktion. Vi byter därför θ mot $-\theta$ i integralen från $-\pi$ till 0 och får

$$\operatorname{Im} f(re^{i\psi}) = \frac{1}{2\pi} \int_0^{\pi} \frac{-r \sin \theta}{|e^{i\theta} - r|^2} \left(u_0(e^{i(\psi + \theta)}) - u_0(e^{i(\psi - \theta)}) \right) d\theta.$$

Antag nu att u_0 är kontinuerligt deriverbar och $|u_0'| \leq M$. Då kan integranden uppskattas med $(M\theta / \pi) \sin \theta \leq M/2$ om $0 < \theta < \frac{\pi}{2}$ och med M då $\frac{\pi}{2} < \theta < \pi$. Utanför en godtycklig omgivning till 0 (i själva verket också där) konvergerar integranden likformigt mot

$$-\frac{1}{2\pi} \cot \frac{\theta}{2} \left(u_0(e^{i(\psi + \theta)}) - u_0(e^{i(\psi - \theta)}) \right).$$

Vi har alltså

Sats 7.6

Om funktionen u_0 i Sats 7.5 är reellvärd och tillhör C^1 så är
den analytiska funktionen f med realdelen u som ges av (7.6)
kontinuerlig i $\overline{D}$ och för dess imaginärdel gäller då $z \to e^{i\psi}$ att
den konvergerar mot

$$(7.7) \qquad -\frac{1}{2\pi} \int_0^\pi \cot\frac{\theta}{2}\left(u_0\left(e^{i(\psi+\theta)}\right) - u_0(e^{i(\psi-\theta)})\right) d\theta.$$

Man kallar detta för den konjugerade funktionen till u_0.

För fallet av ett halvplan ser man ännu enklare av (7.6) att den
analytiska funktionen med realdelen u vars imaginärdel är 0 i oänd-
ligheten ges av

$$(7.8) \qquad f(z) = \frac{1}{\pi i} \int_{-\infty}^\infty \frac{u_0(w)}{w - z} dw.$$

Imaginärdelen har på den reella axeln randvärdena

$$(7.9) \qquad v(x) = -\int_0^\infty \left(u_0(x+w) - u_0(x-w)\right)\frac{dw}{\pi w},$$

som alltså är den konjugerade funktionen. Vi kan skriva (7.8) i for-
men

$$v(x) = \lim_{\epsilon \to 0} \int_{|w|>\epsilon} u_0(x-w)\frac{dw}{\pi w} = \lim_{\epsilon \to 0} \int_{|x-w|>\epsilon} \frac{u_0(w)}{\pi(x-w)} dw.$$

Observera att man tar bort ett symmetrisk intervall kring singu-
lariteten. Man kallar detta för principalvärdet av den egentligen
divergenta integralen och skriver

$$v(x) = \mathrm{pv}\, \frac{1}{\pi} \int_{-\infty}^\infty \frac{u_0(w)}{x - w} dw.$$

Detta är emellertid bara ett kortare skrivsätt och innebörden är fortfa-
rande att man tar gränsvärdet av integralen med ett litet symmetriskt
interval kring singulariteten borttaget.

Om u_0 är en jämn funktion, alltså $u_0(w) = u_0(-w)$ så kan vi dela
upp integrationen i en integral från $-\infty$ till 0 och en från 0 till ∞.
Eftersom

$$\frac{1}{x - w} + \frac{1}{x + w} = \frac{2x}{x^2 - w^2}$$

får vi då att

$$v(x) = \text{pv}\,\frac{2}{\pi}\int_0^\infty \frac{xu_0(w)}{x^2 - w^2}dw$$

vilket är en udda funktion av x. Om u_0 är udda så får vi på samma sätt att

$$v(x) = \text{pv}\,\frac{2}{\pi}\int_0^\infty \frac{wu_0(w)}{x^2 - w^2}dw, \quad x \neq 0.$$

I den fysikaliska litterturen går dessa samband ofta under benämningen dispersionrelationer.

Om vi i (7.1) observerar att $1/\bar{z} = z^*$ är spegelbilden av z i enhetscirkeln S^1 så kan vi uppfatta Sats 7.5 på ännu ett sätt. Betrakta nämligen de analytiska funktionerna

(7.10)
$$\begin{cases} f_+(z) = \dfrac{1}{2\pi i}\displaystyle\int_{|w|=1}\frac{u_0(w)}{w-z}dw, & |z| < 1, \\[3mm] f_-(z) = \dfrac{1}{2\pi i}\displaystyle\int_{|w|=1}\frac{u_0(w)}{w-z}dw, & |z| > 1. \end{cases}$$

Då gäller, för $|z| < 1$, att

$$u(z) = f_+(z) - f_-(z^*) \to u_0(w) \quad \text{då } z \to w,\; |w| = 1.$$

Om $u_0 \in C^1$ kan f_+ och f_- enligt Sats 7.6 utvidgas kontinuerligt till alla z med $|z| \leq 1$ respektive $|z| \geq 1$, för

$$\frac{w}{w-z} = \frac{1}{2}\left(\frac{w+z}{w-z} + 1\right)$$

så med beteckningen i (7.6) har vi att $f_+(z) = \frac{1}{2}(f(z) + u(0))$. Vi får därför

---

Sats 7.7

Om $u_0 \in C^1(S^1)$ så kan de analytiska funktionerna f_+ och f_- som definieras av (7.10) utvidgas kontinuerligt till alla z med $|z| \leq 1$ respektive $|z| \geq 1$. Vi får då att

$$f_+(w) - f_-(w) = u_0(w) \quad \text{då } |w| = 1,$$

och $f_-(z) \to 0$ då $z \to \infty$. Dessa egenskaper karakteriserar f_+ och f_-.

Bevis. Om u_0 är reell så har vi redan visat att f_+ och f_- har dessa egenskaper. I annat fall får vi dem genom att dela upp u_0 i real- och imaginärdelen. Antag att g_+ och g_- har samma egenskaper. Då är

$$f_+ - f_- = g_+ - g_- \quad \text{på } \partial\Omega,$$

och om vi sätter

$$G(z) = \begin{cases} g_+(z) - f_+(z), & \text{om } |z| \leq 1 \\ g_-(z) - f_-(z), & \text{om } |z| \geq 1, \end{cases}$$

får vi därför en kontinuerlig funktion i $\mathbb{C}$ som går mot 0 i oändligheten och är analytisk utom eventuellt då $|z| = 1$. Nu har vi att

$$G(z) = \frac{1}{2\pi i} \int_{|w|=r} \frac{G(w)}{w - z} dw, \quad |z| < r.$$

Det räcker av kontinuitetsskäl att visa detta då $|z| \neq 1$. Om $|z| > 1$ så ger Cauchys integralformel, eftersom G är analytisk utanför enhetscirkeln, att differensen mellan de två leden är lika med samma integral då $|w| = r'$ och $1 < r' < |z|$. Av kontinuitetsskäl är denna lika med integralen då $|w| = 1$, och eftersom G är analytisk i det inre av enhetscirkeln är den lika med noll. På samma sätt inses formeln då $|z| < 1$. Låter vi nu $r \to \infty$ så får vi att $G(z) = 0$ eftersom $G \to 0$ i ∞. $\qquad\qquad\qquad\qquad\qquad\qquad\qquad\qquad\qquad\qquad\qquad\qquad\quad\square$

Föregående resultat gäller inte bara för enhetscirkeln. Om Γ är en godtycklig sluten C^1 kurva och u_0 är en C^1 funktion på Γ så kan vi genom att integrera över Γ i stället för enhetscirkeln i (7.10) få en analytisk funktion innanför Γ och en utanför Γ vars randvärden skiljer sig med u_0. Vi lämnar detta som en övning åt den eventuellt intresserade läsaren och nöjer oss med att peka på motsvarande resultat för reella axeln: om u_0 är en begränsad C^1 funktion med begränsad derivata på $\mathbb{R}$ och $u_0(w) = O(1/w)$ då $w \to \infty$, så är

$$f_\pm(z) = \frac{1}{2\pi i} \int_{-\infty}^{\infty} \frac{u_0(w)}{w - z} dw, \quad \operatorname{Im} w \gtrless 0,$$

analytiska funktioner med kontinuerliga randvärden på reella axeln och

$$f_+(w) - f_-(w) = u_0(w) \quad \text{då } w \in \mathbb{R}.$$

Sats 7.7 kan uppfattas som en sats om Fourierserier. Vi har nämligen att, då $|z| < 1$,

$$f_+(z) = \sum_0^{\infty} a_n z^n, \qquad f_-(z) = -\sum_{-\infty}^{-1} a_n z^n,$$

där

(7.11) $$a_n = \frac{1}{2\pi} \int_0^{2\pi} u_0(e^{i\theta})e^{-in\theta}d\theta$$

kallas Fourierkoefficienterna för u_0. För beviset observerar vi att för $n \geq 0$ och $r < 1$ gäller att

$$a_n = \frac{1}{2\pi i} \int_{|z|=r} f_+(z)z^{-n-1}dz = \frac{1}{2\pi} \int_0^{2\pi} f_+(re^{i\theta})e^{-in\theta}r^{-n}d\theta$$

medan för $n < 0$ och $r > 1$ gäller att

$$a_n = -\frac{1}{2\pi} \int_0^{2\pi} f_-(re^{i\theta})e^{-in\theta}r^{-n}d\theta.$$

Dessa integraler blir 0 för $n < 0$ respektive $n \geq 0$. Då $r \to 1$ får vi för $n \geq 0$

$$a_n = \frac{1}{2\pi} \int_0^{2\pi} f_+(e^{i\theta})e^{-in\theta}d\theta = \frac{1}{2\pi} \int_0^{2\pi} (f_+(e^{i\theta}) - f_-(e^{i\theta}))e^{-in\theta}d\theta$$

vilket bevisar (7.11) för $n \geq 0$. Beviset är analogt för $n < 0$. Om $u \in C^2$ så är

$$a_n = -\frac{1}{2\pi n^2} \int_0^{2\pi} u_0''(e^{i\theta})e^{-in\theta}d\theta = O(\frac{1}{n^2}).$$

På grund av likformig konvergens av potentsserierna för f_+ och f_- följer nu att

$$f_+(e^{i\theta}) = \sum_{n=0}^{\infty} a_n e^{in\theta} \quad \text{och} \quad f_-(e^{i\theta}) = -\sum_{n=-\infty}^{-1} a_n e^{in\theta}.$$

Alltså är u_0 summan av sin Fourierserie

(7.12) $$u_0(e^{i\theta}) = \sum_{-\infty}^{\infty} a_n e^{in\theta}.$$

8

Fourieranalys och några speciella funktioner

Introduktion

I det här kapitlet ska vi titta lite på vilken användning man kan ha av komplex analys när man gör Fourieranalys. Vi börjar med att ge ett bevis för Fouriers inversionsformel genom att byta till integrationsvägar i det komplexa. Därefter ska vi titta närmare på några viktiga speciella funktioner, Gamma funktionen och Besselfunktionerna, båda mycket viktiga i tillämpningar. Dessutom diskuterar vi kort Poissons summationsformel och metoden med den stationära fasen.

Fouriers inversionsformel

Vid studiet av integralekvationer av typen

$$k * f(x) = \int_{-\infty}^{\infty} k(x - y)f(y)dy = g(x),$$

där k och g är givna, spelar Fouriertransformationen en viktig roll. Om k och f är integrerbara funktioner får vi nämligen, om vi multiplicerar med $e^{-ix\xi} = e^{-i\xi(x-y)}e^{-i\xi y}$ och integrerar med avseende på x, den enklare ekvationen

$$\hat{k}(\xi)\hat{f}(\xi) = \hat{g}(\xi).$$

101

Här kallas

(8.1)
$$\hat{f}(\xi) = \int_{-\infty}^{\infty} f(x)e^{-ix\xi}dx$$

Fouriertransformen av f och $\hat{k}, \hat{g}$ är Fouriertransformerna av k och g. Om inga komplikationer inträffar kan vi därför bestämma f genom att dividera $\hat{g}$ med $\hat{k}$ och söka en funktion med Fouriertransformen $\hat{g}/\hat{k}$. Vi ska nu lösa det sista problemet, att invertera Fouriertransformen $f \mapsto \hat{f}$.

Låt $f \in C^2(\mathbb{R})$ och antag att

(8.2)　　　　　$\sup |x^j f^{(k)}(x)| < \infty$ då $j \le 2$ och $k \le 2$.

Speciellt är då $|f(x)| \le C/(1 + x^2)$, vilket garanterar att f är integrerbar och att $\hat{f}(\xi)$ är en begränsad kontinuerlig funktion. Partialintegration ger att

(8.3)　　　$(i\xi)^k \hat{f}(\xi) = \int_{-\infty}^{\infty} f^{(k)}(x)e^{-i\xi x}dx$,　då $k \le 2$,

om vi först integrerar från $-R$ till R och sedan låter $R \to \infty$. Fouriertransformen av $f^{(k)}$ är alltså $(i\xi)^k \hat{f}(\xi)$. Detta medför att om (8.2) gäller för $k \le m$ och f är en lösning till differentialekvationen

$$\sum_{k=0}^{m} a_k f^{(k)}(x) = g(x),$$

så får vi för Fouriertransformen att

$$(\sum_{k=0}^{m} a_k(i\xi)^k)\hat{f}(\xi) = \hat{g}(\xi).$$

Denna ekvation löses i princip genom division med polynomet.
Vi ska beräkna

$$\int_{-\infty}^{\infty} \hat{f}(\xi)d\xi$$

med hjälp av Cauchys integralformel; det kommer att visa sig att integralen är en konstant gånger $f(0)$. Emellertid är $\hat{f}$ ingen analytisk funktion, så vi måste dela upp Fourierintegralen i två delar:

$$F_+(\xi) = \int_0^{\infty} f(x)e^{-ix\xi}dx, \quad F_-(\xi) = \int_{-\infty}^0 f(x)e^{-ix\xi}dx.$$

Då är F_+ väldefinierad och kontinuerlig i halvplanet $\text{Im}\,\zeta \leq 0$ och är analytisk i det inre av halvplanet eftersom F_+ är ett likformigt gränsvärde då $\text{Im}\,\zeta \leq 0$ av

$$\int_0^R f(x)e^{-ix\bar{\zeta}}dx, \text{ då } R \to \infty.$$

Denna integral är analytisk eftersom den uppfyller Cauchy-Riemanns ekvation, vilket vi ser genom att derivera under integraltecknet. Analogt är F_- kontinuerlig i det slutna övre halvplanet och analytisk i det inre[1] För att se hur F_+ uppför sig i oändligheten återgår vi till beviset för (8.3), där vi nu får ett nytt bidrag vid integrationsgränsen 0,

$$(i\zeta)^2 F_+(\zeta) = \int_0^\infty f(x)\frac{d^2}{dx^2}(e^{-ix\bar{\zeta}})dx =$$

$$i\zeta f(0) + f'(0) + \int_0^\infty f''(x)e^{-ix\bar{\zeta}}dx.$$

Vi kan behandla F_- på samma sätt och får då $\zeta \to \infty$

(8.4)
$$\begin{cases} F_+(\zeta) = -if(0)/\zeta + O(|\zeta|^{-2}), & \text{Im}\,\zeta \leq 0, \\ F_-(\zeta) = if(0)/\zeta + O(|\zeta|^{-2}), & \text{Im}\,\zeta \geq 0. \end{cases}$$

Nu ger Cauchys integralformel att

$$\int_{-\infty}^\infty f(\xi)d\xi = \lim_{R\to\infty} \int_{-R}^R (F_+(\xi) + F_-(\xi))d\xi =$$

$$\lim_{R\to\infty} \left(\int_{|\zeta|=R, \text{Im}\,\zeta<0} F_+(\zeta)d\zeta - \int_{|\zeta|=R, \text{Im}\,\zeta>0} F_-(\zeta)d\zeta \right),$$

där båda integralerna tas i positiv riktning. Enligt (8.4) och Cauchys integralformel är därför

$$\int_{-\infty}^\infty \hat{f}(\xi)d\xi = \lim_{R\to\infty} -if(0)\int_{|\zeta|=R}\frac{d\zeta}{\zeta} + \int_{|\zeta|=R} O(R^{-2})d\eta = 2\pi f(0).$$

Nu är funktionen $y \mapsto f(x+y)$ lika med $f(x)$ då $y = 0$ och dess Fouriertransform är

$$\xi \mapsto \int f(x+y)e^{-iy\xi}dy = e^{ix\xi}\hat{f}(\xi).$$

---

[1]Eftersom $\hat{f} = F_+ + F_-$ på $\mathbb{R}$ har vi alltså en uppdelning av den form som vi diskuterade efter Sats 7.7.

Om vi tillämpar vårt resultat på denna funktion istället får vi

$$\int_{-\infty}^{\infty} e^{ix\xi}\hat{f}(\xi)d\xi = 2\pi f(x),$$

vilket leder till följande sats.

Sats 8.1

Om f uppfyller (8.2) så är Fouriertransformen $\hat{f}$ integrerbar och Fouriers inversionsformel

(8.5) $$f(x) = \frac{1}{2\pi} \int_{-\infty}^{\infty} e^{ix\xi}\hat{f}(\xi)d\xi$$

gäller. Denna gäller också för varje kontinuerlig integrerbar funktion f som har en integrerbar Fouriertransform $\hat{f}$.

Bevis. Vi har redan bevisat första delen av satsen. Låt nu g vara en kontinuerlig integrerbar funktion sådan att även $\hat{g}$ är integrerbar. Om k är en annan sådan funktion så har vi

$$\int \hat{k}(x)g(x)dx = \int k(\xi)\hat{g}(\xi)d\xi,$$

eftersom båda sidor är lika med den absolutkonvergenta dubbelintegralen

$$\iint_{\mathbb{R}^2} k(\xi)g(x)e^{-ix\xi}dxd\xi.$$

Välj nu $k = \hat{f}$ där f är en godtycklig funktion som uppfyller (8.2). Då är $\hat{k}(x) = -2\pi f(-x)$ och vi får att

$$2\pi \int_{-\infty}^{\infty} f(-x)g(x)dx = \int_{-\infty}^{\infty} \hat{f}(\xi)\hat{g}(\xi)d\xi = \iint_{\mathbb{R}^2} f(x)\hat{g}(\xi)e^{-ix\xi}dxd\xi.$$

Med beteckningen

$$G(x) = 2\pi g(-x) - \int_{-\infty}^{\infty} \hat{g}(\xi)e^{-ix\xi}d\xi$$

betyder detta att

(8.6) $$\int f(x)G(x) = 0$$

för alla f som uppfyller (8.2). Eftersom G är kontinuerlig medför detta att $G = 0$[7]. Vi har alltså att $G = 0$, vilket är Fouiers inversionsformel för g.   □

Exempel 8.1 Som exempel nöjer vi oss med att betrakta en ordinär differentialekvation med konstanta koefficienter och ordning $m \geq 2$,

$$(8.7) \qquad (\frac{d^m}{dx^m} + a_1 \frac{d^{m-1}}{dx^{m-1}} + \ldots + a_m)f = g.$$

Om f är en lösning som uppfyller (8.2) då $k \leq m$ så har vi sett att

$$P(\xi)\hat{f}(\xi) = \hat{g}(\xi)$$

där

$$P(\xi) = (i\xi)^m + a_1(i\xi)^{m-1} + \ldots + a_m.$$

Om P inte har några reella rötter kan vi dividera med $P(\xi)$ och får

$$\hat{f}(\xi) = \hat{g}(\xi)P(\xi)^{-1}.$$

Nu uppfyller $P(\xi)^{-1}$ villkoret (8.2) så vi får att $\hat{k}(\xi) = 1/P(\xi)$ med

$$k(x) = \frac{1}{2\pi} \int_{-\infty}^{\infty} \frac{e^{ix\xi}}{P(\xi)} d\xi$$

vilket måste vara en integrabel funktion. Sådana integraler har vi diskuterat i kapitel **??**. Då $x > 0$ får vi om Γ_+ är en cirkel i övre halvplanet som har nollställena till P där i sitt inre att

$$k(x) = \frac{1}{2\pi} \int_{\Gamma_+} \frac{e^{ix\zeta}}{P(\zeta)} d\zeta.$$

Partialbråksuppdelning av $1/P$ ger därför enligt residysatsen att

$$k(x) = \sum_j k_j(x)e^{ix\lambda_j}, \; x > 0,$$

där λ_j är nollställena till P i övre halvplanet och k_j är polynom av grad mindre än multipliciteten för λ_j. Speciellt ser vi att k avtar exponentiellt i oändligheten. Då $x < 0$ får vi

$$k(x) = -\frac{1}{2\pi} \int_{\Gamma_-} \frac{e^{ix\zeta}}{P(\zeta)} d\zeta.$$

där Γ_- är en cirkel i undre halvplanet med nollställena till P där i sitt inre. Vi kan därav dra analoga slutsatser om $k(x)$ då

$x < 0$. För alla $x \neq 0$ ger derivation under integraltecknet att

(8.8) $\qquad (\dfrac{d^m}{dx^m} + a_1 \dfrac{d^{m-1}}{dx^{m-1}} + \ldots + a_m)k(x) = 0$

för nämnaren i föregående integraler försvinner då man använder differentialoperatorn. Vi får också

$$k^{(j)}(\pm 0) = \pm \frac{1}{2\pi} \int_{\Gamma_\pm} \frac{(i\zeta)^j}{P(\zeta)} d\zeta,$$

alltså att

$$k^{(j)}(+0) - k^{(j)}(-0) = \frac{1}{2\pi} \int_{\zeta|=R} \frac{(i\zeta)^j}{P(\zeta)} d\zeta$$

då R är större än absolutbeloppet för varje nollställe. Då $R \to \infty$ får vi

(8.9) $\qquad k^{(j)}(+0) - k^{(j)}(-0) = \begin{cases} 0 & \text{då } j < m-1, \\ 1 & \text{då } j = m-1. \end{cases}$

(Se härledningen av (5.20) och (5.22).)

Ekvationen $\hat{f}(\zeta) = \hat{g}(\zeta)P(\zeta)^{-1} = \hat{g}(\zeta)\hat{k}(\zeta)$ är ekvivalent med att

$$f(x) = k * g(x) = \int k(x-y)g(y)dy.$$

Med en något mera utvecklad teori för Fouriertransforemn kunde vi bara vända på föregående diskussion för att inse att detta verkligen är en lösning till (8.7). Det är emellertid lätt att verifiera detta direkt för varje begränsad kontinuerlig funktion med hjälp av (8.8) och (8.9), så Fouriertransformationen har åtminstone anvisat det rätta svaret. Detaljerna lämnas som övning.

I beviset för Sats 8.1 utnyttjade vi att Fouriertransformen av en integrerbar funktion som är 0 på negativa axeln kan utvidgas till en analytisk funktion i nedre halvplanet. Låt allmänt f vara en funktion på $\mathbb{R}$ som är 0 på negativa axeln, kontinuerlig på positiva axeln, och uppfyller att

(8.10) $\qquad\qquad |f(x)| \leq Ce^{ax}, \ x > 0.$

Då är Fouriertransformen

$$\hat{f}(\zeta) = \int_{-\infty}^{\infty} f(x)e^{-ix\zeta}dx$$

definierad och analytisk för $\operatorname{Im}\zeta < -a$, och vi har att

$$|\hat{f}(\zeta)| \leq -\frac{C}{\operatorname{Im}\zeta + a}.$$

En något försvagad omvändning till detta ges av följande

Sats 8.2: Paley-Wieners sats

Om $F(\zeta)$ är analytisk då $\operatorname{Im}\zeta < -a$ och

$$(8.11) \qquad |F(\zeta)| \leq C(1+|\zeta|)^{-2} \text{ då } \operatorname{Im}\zeta < -a,$$

så är F Fouriertransformen av en kontinuerlig funktion f som är 0 på negativa axeln och uppfyller

$$(8.12) \qquad |f(x)| \leq \frac{Ce^{ax}}{\pi} \text{ då } x \geq 0.$$

Bevis. Definiera

$$f(x) = \frac{1}{2\pi}\int_{-\infty}^{\infty} F(\xi + i\eta)e^{ix(\xi+\eta)}d\xi$$

för ett fixt $\eta < -a$. Integralen är konvergent och genom att tillämpa Cauchys integralformel på en rektangel $\eta_1 < \operatorname{Im}\zeta < \eta_2$, $|\operatorname{Re}\zeta| < M$ som i Exempel 5.3 och låta $M \to \infty$ ser vi att f inte beror av valet av η. Nu ger (8.11) att

$$|f(x)e^{x\eta}| \leq \frac{1}{2\pi}C\int_{-\infty}^{\infty}\frac{d\xi}{(1+|\xi|)^2} = \frac{C}{2\pi} \text{ då } \eta < -a.$$

Om vi låter $\eta \to -\infty$ så får vi att $f(x) = 0$ då $x < 0$, och om vi låter $\eta \to -a$ får vi (8.12). Speciellt är $f(x)e^{x\eta}$ integrerbar då $\eta < -a$ och Fouriers inversionsformel ger då att

$$F(\xi + i\eta) = \int_{-\infty}^{\infty} f(x)e^{x\eta}e^{-ix\xi}dx = \int_{-\infty}^{\infty} f(x)e^{-ix(\xi+i\eta)}dx.$$

Därmed är satsen bevisad. $\qquad\square$

Innan vi ger ett exempel på användningen av Sats 8.2 noterar vi att om f_1 och f_2 är 0 på negativa reella axeln och

$$|f_1(x)| \le C_\epsilon e^{(a+\epsilon)x} \quad \text{och} \quad |f_2(x)| \le C_\epsilon e^{(a+\epsilon)x} \text{ då } \epsilon > 0,$$

så är

$$f(x) = \int_{-\infty}^{\infty} f_1(x-y)f_2(y)dy$$

också 0 på negativa axeln, och för $x > 0$ är

$$|f(x)| \le C_\epsilon^2 \int_0^x e^{(a+\epsilon)(x-y+y)}dy = C_\epsilon^2 x e^{(a+\epsilon)x} \le C_\epsilon' e^{(a+2\epsilon)x}.$$

För Fouriertransformen har vi

$$\hat{f}(\zeta) = \hat{f_1}(\zeta)\hat{f_2}(\zeta) \quad \text{då } \operatorname{Im}\zeta < -a.$$

Exempel 8.2 Som exempel tar vi nu åter differentialekvationen (8.7) där vi nu antar att g är begränsad och 0 på negativa axeln. Om

$$-a < \min_{P(\zeta)=0} \operatorname{Im}\zeta$$

så följer av Sats 8.2 att $1/P(\zeta)$ är Fouriertransformen av en funktion k som är 0 på negativa axeln och uppfyller

$$|k(x)| \le Ce^{ax} \quad \text{då } x > 0.$$

Vi har att

$$k(x) = \frac{1}{2\pi} \int_{\operatorname{Im}\zeta=-a} \frac{e^{ix\zeta}}{P(\zeta)}d\zeta.$$

Cauchys integralformel bekräftar genast att detta är 0 då $x < 0$ och att

$$k(x) = \frac{1}{2\pi} \int_\Gamma \frac{e^{ix\zeta}}{P(\zeta)}d\zeta \quad \text{då } x > 0,$$

där Γ är en cirkel som har alla nollställen till P i sitt inre. (Se (5.24) och (5.25).) Formen för k får vi precis som i den tidigare diskussionen, och

$$f(x) = \int_0^x k(x-y)g(y)dy$$

blir den lösning till (8.7) som är 0 på negativa axeln. Observera att värdet för $f(x)$ bara beror på värdena av g före x. I många fysikaliska processer är det i sakens natur att vad som händer vid en viss tidpunkt bara kan bero på tidigare ingående data, och man får då ofta operatorer av föregående typ, vilka alltså kan studeras med Fouriertransforationen.

Gammafunktionen

Det är sällan möjligt att beräkna Fouriertransformer explicit med hjälp av elementära funktioner. Man har därför infört ett antal lika väl studerade och tabellerade "speciella funktioner" med vars hjälp man kan uttrycka de oftast förekommande transformerna. I detta avsnitt ska vi studera Fouriertransformen av den homogena funktion som definieras av

$$(8.13) \qquad f_a(x) = \begin{cases} x^{a-1} & \text{då } x > 0, \\ 0 & \text{annars.} \end{cases}$$

Här får a vara ett godtyckligt komplex tal med $\operatorname{Re} a > 0$. (Detta krävs för att f_a ska vara integrerbar nära 0.) Fouriertransformationen är för $\operatorname{Im} \zeta < 0$ lika med

$$\widehat{f_a}(\zeta) = \int_0^\infty x^{a-1} e^{-ix\zeta} dx.$$

Vi vill ändra integrationsvägen så att exponenten blir negativ.

Låt därför ω vara sektorn mellan reella axeln och strålen genom $1/(i\zeta)$ (som ligger i högra halvplanet), avskuren med en cirkel $|z| = R$ med stor radie och en cirkel $|z| = \epsilon$ med liten radie. Eftersom $\operatorname{Im} z\zeta < 0$ då $z \neq 0$ och z ligger på randen av sektorn så gäller detta också i det inre. Integralen över den stora cirkelsektorn går därför mot 0 exponentiellt då $R \to \infty$. Integralen över den lilla cirkelsektorn är $O(\epsilon \epsilon^{\operatorname{Re} a-1}) \to 0$

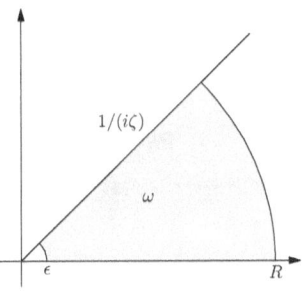

då $\epsilon \to 0$. Eftersom integralen av $z^{a-1}e^{-iz}$ över hela randen av ω är 0, så får vi då $\epsilon \to 0$ och $R \to \infty$, att

$$\widehat{f_a}(\zeta) = \int_0^\infty (\frac{t}{i\zeta})^{a-1} e^{-t} \frac{dt}{i\zeta} = (i\zeta)^{-a} \int_0^\infty t^{a-1} e^{-t} dt$$

där $-\pi/2 < \arg(i\zeta) < \pi/2$. Faktorn

(8.14) $$\Gamma(a) = \int_0^\infty t^{a-1}e^{-t}dt$$

kallas för gammafunktionen. Vi har med denna beteckning att

(8.15) $\quad \widehat{f_a}(\zeta) = (i\zeta)^{-a}\Gamma(a) \quad$ då $\operatorname{Im}\zeta < 0$ och $|\arg(i\zeta)| < \pi/2$.

Genom partialintegration får vi genast då $\operatorname{Re} a > 0$ att

(8.16) $$\Gamma(a+1) = a\Gamma(a),$$

och eftersom $\Gamma(1) = 1$ följer därav att $\Gamma(n) = (n-1)!$ då n är ett positivt heltal. Gammafunktionen interpolerar alltså fakultetsfunktionen. Den är analytisk då $\operatorname{Re} a > 0$. Upprepad användning av (8.16) ger för varje positivt heltal N att

(8.17) $$\Gamma(a) = \frac{\Gamma(a+N+1)}{a(a+1)\dots(a+N)},$$

då $\operatorname{Re} a > 0$. Högerledet är emellertid en meromorf funktion då $\operatorname{Re} a > -N - 1$ och ger en mermorf fortsättning av Γ-funktionen till detta halvplan med enkla poler i heltalen ≤ 0. Genom att låta N växa ser vi att Γ-funktionen kan utvidgas till en meromorf funktion i hela $\mathbb{C}$ med poler bara i origo och de negativa heltalen. Av (8.17) följer att för icke-negativa heltal N är

$$\operatorname{Res}(\Gamma, -N) = \lim_{a\to -N}(a+N)\Gamma(a) = \frac{\Gamma(1)}{(-N)\dots(-1)} = \frac{(-1)^N}{N!}.$$

Formeln (8.16) gäller för alla a som inte är icke-negativa heltal, för skillnaden mellan de två sidorna är en analytisk funktion som är 0 i högra halvplanet.

Faltningen $f_a * f_b$ är 0 då $x < 0$, och

$$f_a * f_b(x) = \int_0^x y^{a-1}(x-y)^{b-1}dy = x^{a+b+1}\int_0^1 y^{a-1}(1-y)^{b-1}dy$$

då $x > 0$. Om vi tar Fouriertransformationen av båda sidor får vi därför att

$$\Gamma(a)\Gamma(b) = \Gamma(a+b)\int_0^1 y^{a-1}(1-y)^{b-1}dy,$$

alltså att

$$(8.18) \qquad \int_0^1 y^{a-1}(1-y)^{b-1}dy = \frac{\Gamma(a)\Gamma(b)}{\Gamma(a+b)}.$$

Man kallar denna iantegral för betafunktionen. Om speciellt $0 <$ Re$a < 1$ och vi tar $b = 1 - a$ så får vi av (8.18 att

$$\Gamma(a)\Gamma(1-a) = \int_0^1 y^{a-1}(1-y)^{-a}dy = \frac{\pi}{\sin(\pi a)}.$$

På grund av den analytiska fortsättningens entydighet har vi allmännare att

$$(8.19) \qquad \Gamma(a)\Gamma(1-a) = \frac{\pi}{\sin(\pi a)} \qquad \text{då } a \text{ inte är ett heltal.}$$

Denna formel kunde också ha använts för att utvidga definitionen av $\Gamma(a)$ till alla a. Då $a \to -N$ visar den åter att Res$(\Gamma, -N) = (-1)^N/\Gamma(N+1)$. För $a = 1/2$ får vi, eftersom $\Gamma(1/2) > 0$, att

$$\Gamma(\frac{1}{2}) = \sqrt{\pi}$$

eller explicit utskrivet

$$\sqrt{\pi} = \int_0^\infty t^{\frac{1}{2}}e^{-t}dt = 2\int_0^\infty e^{-x^2}dx = \int_{-\infty}^\infty e^{-x^2}dx.$$

(Se också Exempel 5.3.)

Gammafunktionen kan lätt beräknas numerisk med hjälp av (8.16) och asymptotiska formler för stora a som vi nu ska härleda. Vi börjar med att observera att (8.16) medför att

$$\Gamma(a) = \frac{\Gamma(a+k+1)}{a(a+1)\ldots(a+k)} \qquad \text{där } \Gamma(a+k+1) = \int_0^\infty t^{a+k}e^{-t}dt.$$

För logaritmen $f_k(t)$ av faktorn $t^k e^{-t}$ har vi att

$$f_k(t) = k\log t - t, \quad f_k'(t) = \frac{k}{t} - 1, \quad f_k''(t) = -\frac{k}{t^2}, \quad f_k'''(t) = \frac{2k}{t^3}.$$

Maximum uppnås då $t = k$. Med beteckningen

$$g_k(t) = f_k(t+k) - f_k(k) = f_k(t+k) - (k\log k - k), \quad t \geq -k,$$

har vi enligt Taylors formel

$$g_k(t) \leq -\frac{t^2}{8k} \quad \text{då } |t| < k, \qquad g_k(t) = -\frac{t^2}{2k} + O(\frac{t^3}{k^2}) \quad \text{då } |t| < \frac{k}{2}.$$

Nu ger en variabelsubstitution att

$$\int_0^{2k} t^{a+k}e^{-t}dt = k^{a+k}e^{-k}\int_{-k}^{k}(1+\frac{t}{k})^a e^{-g_k(t)}dt =$$

$$k^{a+k+\frac{1}{2}}e^{-k}\int_{|t|<\sqrt{k}}(1+\frac{t}{\sqrt{k}})^a e^{-g_k(t\sqrt{k})}dt.$$

Integranden är begränsad av den integrerbara funktionen $2^{\operatorname{Re}a}e^{-t^2/8}$ om vi antar att $\operatorname{Re}a > 0$, och den går likformigt mot $e^{-t^2/2}$ på varje kompakt, så integralens gränsvärde är $\sqrt{\pi}$. För att uppskatta resten av $\Gamma(a+k+1)$ observerar vi att

$$\frac{d}{dt}((\operatorname{Re}a+k)\log t - t) = \frac{\operatorname{Re}a+k}{t} - 1 < -\frac{1}{3} \text{ om } t > 2k$$

förutsatt att k är stort nog. Alltså är

$$\left|\int_{2k}^{\infty} t^{a+k}e^{-t}dt\right| < (2k)^{a+k}e^{-2k}\int_{2k}^{\infty} t^{\frac{t-2k}{3}}dt = 3k^{a+k}e^{-k}2^a e^{k(\log 2 -1)}.$$

Eftersom $\log 2 < 1$ är den sista faktorn exponentiellt avtagande och vi får att

(8.20) $$\Gamma(a) = \lim_{k\to\infty} \frac{k^{a+k+\frac{1}{2}}e^{-k}\sqrt{\pi}}{a(a+1)\ldots(a+k)}.$$

Vid beviset har vi antag att $\operatorname{Re}a > 0$, men på grund av (8.16) följer (8.20) genast av a ersatt av $a-1$ (om a inte är ett heltal), så (8.20) gäller alltid så länge a inte är ett heltal ≤ 0.

Definiera nu $\log z$ i det komplexa talplanet uppskuret längs negativa reella axeln så att $\log z$ är reell på den positiva axeln. Då a ligger i det uppskurna planet ska vi studera logarithmen av högerledet i (8.20) alltså

(8.21) $$(a+k+\frac{1}{2})\log k - k + \frac{1}{2}\log(2\pi) - \sum_{j=0}^{k}\log(a+j)$$

genom att jämföra summan med motsvarande integral

$$\int_0^k \log(a+t)dt = \Big[(t+a)\log(t+a) - t\Big]_0^k =$$

$$(k+a)\log(k+a) - k - a\log a.$$

Egentligen ska integralen jämföras med motsvarande trapetzformel, så vi skriver om (8.20) på formen

$$\Gamma(a) = \lim_{k \to \infty} \exp((a+k+\frac{1}{2})\log k - k + \frac{1}{2}\log(2\pi) + \int_0^k \log(a+t)dt -$$

$$\sum_{j=0}^{k}{}' \log(a+j) - (k+a)\log(k+a) + k + a\log a - \frac{1}{2}(\log(a+k) + \log a)$$

där $\sum'$ betyder att första och sista termen i summan ska multipliceras med $1/2$. Då $k \to \infty$ har vi

$$(k+a+\frac{1}{2})(\log k - \log(k+a)) = -(k+a+\frac{1}{2})\log(1+\frac{a}{k}) \to -a$$

så vi får att $\Gamma(a)$ är lika med

$$(8.22) \qquad \sqrt{2\pi}\, a^{a-\frac{1}{2}}e^{-a} \lim_{k \to \infty} \exp(\int_0^k \log(a+t)dt - \sum_{j=0}^{k}{}' \log(a+j)).$$

Vi ska nu visa att exponenten har ett gränsvärde och uppskatta det. För detta börjar vi med att observera att om $h \in C^2([0,1])$ så är

$$(8.23) \qquad \begin{aligned} \int_0^1 h(t)dt &= \left[h(t)(t-\frac{1}{2})\right]_0^1 - \int_0^1 h'(t)(t-\frac{1}{2})dt = \\ &= \frac{1}{2}(h(1)+h(0)) + \int_0^1 h''(t)\frac{1}{2}(t^2-t)dt. \end{aligned}$$

Eftersom $|t^2-t|/2 \le 1/8$ då $0 \le t \le 1$ får vi därav att

$$\left|\int_0^1 h(t)dt - \frac{1}{2}(h(1)+h(0))\right| \le \frac{1}{8}\int_0^k |h''(t)|dt.$$

Uttrycket i exponenten av (8.22) kan därför uppskattas med

$$(8.24) \qquad \frac{1}{8}\int_0^\infty |a+t|^{-2}dt,$$

och existensen av gränsvärdet för exponenten följer av att

$$\int_k^{k+1} \log(a+t)dt - \frac{1}{2}(\log(a+k+1) - \log(a+k))| \le$$

$$\frac{1}{8}\int_k^{k+2} |a+t|^{-2}dt = O(k^{-2}).$$

Integralen i (8.24) kan uppskattas med

$$\frac{1}{8} \int_{-\infty}^{\infty} \frac{dt}{(\operatorname{Im} a)^2 + t^2} = \frac{\pi}{8|\operatorname{Im} a|}$$

eller om $\operatorname{Re} a > 0$ med

$$\frac{1}{8} \int_{-\infty}^{\infty} \frac{dt}{(\operatorname{Re} a)^2 + t^2} = \frac{\pi}{8|\operatorname{Re} a|}.$$

Om avståndet från a till negativa reella axeln betecknas med A så har vi antingen att $|\operatorname{Im} a|$ eller $\operatorname{Re} a$ är $> A/\sqrt{2}$ och får att (8.24) är $< 1/A$. Vi har därmed bevisat

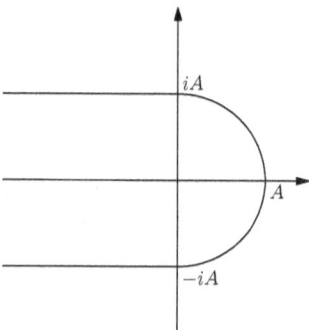

Sats 8.3: Stirlings formel

Då avståndet A från a till negativa reella axeln går mot oändligheten gäller att

(8.25) $\Gamma(a) = \sqrt{2\pi}\, a^{a-\frac{1}{2}} e^{-a}(1 + O(\frac{1}{A})).$

Anmärkning Genom att fortsätta partialintegrationen (8.23) kan vi få bättre grepp på felet i trapetzformeln och visa att $O(1/A)$ ovan kan ersättas med en asymptotisk serie som ger en mycket effektiv metod för beräkning av $\Gamma(a)$ redan för måttligt stora värden på a. Detta diskuteras i Bilaga G som en tillämpning på Euler-Maclaurins summationsformel.

Poissons summationsformel

Vårt mål i detta avsnitt är att bevisa

Sats 8.4: Poissons summationsformel

Om f är en funktion som uppfyller (8.2) så gäller för varje $h > 0$ att

(8.26) $$ h \sum_{k=-\infty}^{\infty} f(kh) = \sum_{k=-\infty}^{\infty} \hat{f}\left(\frac{2\pi k}{h}\right). $$

Om vi dividerar med h och låter $h \to \infty$ så konvergerar vänsterledet mot $f(0)$ och vi får att

$$ f(0) = \frac{1}{2\pi} \int_{-\infty}^{\infty} \hat{f}(\xi)d\xi, $$

alltså Fouriers inversionsformel. Låter vi $h \to 0$ får vi istället att

$$ \int_{-\infty}^{\infty} f(x)dx = \hat{f}(0), $$

alltså definitionen av Fouriertransformen.

Bevis (av Sats 8.4). Vi kan anta att $h = 1$ för annars betraktar vi funktionen $hf(xh)$, vars Fouriertransform är $\hat{f}(\xi/h)$, istället. Vidare antar vi först att f är 0 utanför ett ändligt intervall. Detta medför att $\hat{f}(\zeta)$ är en hel analytisk funktion som är begränsad i varje band parallellt med reella axeln. Vi summerar först serien i vänsterledet av (8.26) för $k \geq 0$, med termen för $k = 0$ multiplicerad med $1/2$, genom att uttrycka termerna med Fouriers inversionsformel

$$ \sum_{k=0}^{\infty}{}' f(k) = \frac{1}{2\pi} \sum_{k=0}^{\infty} \int_{\mathrm{Im}\,\zeta=1} \hat{f}(\zeta)e^{ik\zeta}d\zeta. $$

Här kan vi byta ordningsföljden mellan integration och summation, därför att då $\mathrm{Im}\,\zeta = 1$ har vi att $|e^{i\zeta}| = 1/e < 1$ och serien

$$ \sum_{k=0}^{\infty}{}' e^{ik\zeta} = \frac{1}{2} + \frac{e^{i\zeta}}{1 - e^{i\zeta}} = \frac{1 + e^{i\zeta}}{2(1 - e^{i\zeta})} = \frac{i}{2} \cot \frac{\zeta}{2} $$

konvergerar då likformigt. Alltså är

$$(8.27) \qquad \sum_{k=0}^{\infty}{}' f(k) = \frac{i}{4\pi} \int_{\operatorname{Im}\zeta=1} \hat{f}(\zeta) \cot\frac{\zeta}{2} d\zeta.$$

På samma sätt får vi att

$$(8.28) \qquad \sum_{k=-\infty}^{0}{}' f(k) = \frac{-i}{4\pi} \int_{\operatorname{Im}\zeta=-1} \hat{f}(\zeta) \cot\frac{\zeta}{2} d\zeta.$$

Vi integrerar nu den meromorfa funktionen $\hat{f}(\zeta)\cot\frac{\zeta}{2}$ längs randen av rektangeln $|\operatorname{Im}\zeta| < 1$, $|\operatorname{Re}\zeta| < (2N+1)\pi$, där N är ett stort heltal. Polerna $\zeta = 2\pi k$, med heltal k, är enkla med residyn $2\hat{f}(2\pi k)$. Integralen över de vertikala randstyckena går mot 0 då $N \to \infty$ eftersom $\cot\frac{\zeta}{2}$ är likformigt begränsad på dem och $\hat{f}(\zeta) \to 0$ då $\zeta \to \infty$ och $|\operatorname{Im}\zeta| < 1$. Vi får därför då $N \to \infty$ att

$$\left(\int_{\operatorname{Im}\zeta=-1} - \int_{\operatorname{Im}\zeta=1} \right) \hat{f}(\zeta) \cot\frac{\zeta}{2} d\zeta = 2\pi \sum_{k=-\infty}^{\infty} 2\hat{f}(2\pi k).$$

Enligt (8.27) och (8.28) medför detta (8.26) då $h = 1$.

Om f inte är 0 utanför ett ändligt intervall så väljer vi en funktion $g \in C^2$ med $g(0) = 1$ så att $g = 0$ utanför $(-1, 1)$. Exempelvis kan vi ta $g(x) = (1 - x^2)^3$ då $x \in (-1, 1)$. Produkten

$$f_\epsilon(x) = f(x)g(\epsilon x)$$

uppfyller då (8.2) likformigt med avseende på ϵ, så

$$|\widehat{f_\epsilon}(2\pi k)| \le \frac{C}{1+k^2} \quad \text{och} \quad |f_\epsilon(k)| \le \frac{C}{1+k^2}$$

med en konstant C som är oberoende av ϵ. Då $\epsilon \to 0$ har vi $f_\epsilon(k) \to f(k)$ och $\widehat{f_\epsilon}(2\pi k) \to \hat{f}(2\pi k)$, så av den redan bevisade likheten

$$\sum_{k=-\infty}^{\infty} f_\epsilon(k) = \sum_{k=-\infty}^{\infty} \widehat{f_\epsilon}(2\pi k)$$

får vi (8.26) då $h = 1$ genom att låta $\epsilon \to 0$. $\qquad\qquad \square$

En intressant konsekvens av (8.26) är att skillnaden

$$h \sum_{k=-\infty}^{\infty} f(kh) - \int_{-\infty}^{\infty} f(x)dx = \sum_{k\neq0} \hat{f}\left(\frac{2\pi k}{h}\right)$$

mellan den ekvidistanta Riemannsumman och integralen går mycket snabbt mot 0 med h om f är mycket liten i oändligheten. Tag som exempel $f(x) = e^{-x^2/2}$. Då är $\hat{f}(\xi) = \sqrt{2\pi}e^{-\xi^2/2}$ så den största termen $\sqrt{2\pi}e^{-2\pi^2/h^2}$ i högerledet är $< 1.3 \cdot 10^{-34}$ redan då $h = 12$. Hela summan är då $< 10^{-33}$. Att felet blir så litet beror på att det gäller en integral från $-\infty$ till ∞.

En fortsatt diskussion kring detta görs i Bilaga G som handlar om Euler-Maclaurins summationsformel

Besselfunktioner

Fouriertransformen för en funktion $f(x_1, \ldots, x_n)$ av flera variabler definieras av

$$\hat{f}(\xi_1, \ldots, \xi_n) = \int \ldots \int f(x_1, \ldots, x_n)e^{-i(x_1\xi_1 + \ldots + x_n\xi_n)}dx_1 \ldots dx_n.$$

Fouriers inversionsformel, med konstanten $(2\pi)^{-n}$, följer lätt av fallet $n = 1$. Man får på detta sätt ett viktigt verktyg vid studiet av partiella differentialekvationer, men vid användningen stöter man snart på integraler som inte kan uttryckas med elementära funktioner. Låt oss som exempel betrakta en funktion i $\mathbb{R}^2$ som bara beror på $r = \sqrt{x_1^2 + x_2^2}$. Beteckna den med $f(r)$. Fouriertransformen är då av formen $F(\rho)$ där $\rho = \sqrt{\xi_1^2 + \xi_2^2}$. Om vi tar $\xi_1 = -\rho$, $\xi_2 = 0$ och uttrycker Fouriertransformen i polära koordinater får vi

$$F(\rho) = \int_0^\infty \int_0^{2\pi} e^{i r \rho \cos\theta} f(r) r \, dr \, d\theta = \int_0^\infty 2\pi J_0(r\rho)f(r)r \, dr,$$

där vi satt

$$J_0(z) = \frac{1}{2\pi}\int_0^{2\pi} e^{iz\cos\theta}d\theta = \frac{1}{2\pi}\int_0^{2\pi} e^{iz\sin\theta}d\theta.$$

Vid beräkning av Fouriertransformen för allmännare funktioner kan man börja med att utveckla dem i Fourierserier med avseende på θ, och man leds då till att införa Besselfunktionen

(8.29) $$J_n(z) = \frac{1}{2\pi}\int_0^{2\pi} e^{i(z\sin\theta - n\theta)}d\theta$$

där n är ett heltal. Ersätter vi θ med $\pi - \theta$ får vi

(8.30) $$J_n(z) = J_{-n}(z)(-1)^n,$$

så vi kan tills vidare anta att $n \geq 0$.

Av (8.29) följer genast att $J_n(z)$ är en hel analytisk funktion av z. För att beräkna Taylorutvecklingen är det praktiskt att skriva om J_n som en kurvintegral genom att införa $t = e^{i\theta}$, så att $d\theta = dt/it$ och $i \sin \theta = \frac{1}{2}(t - \frac{1}{t})$. Detta ger att

$$(8.31) \qquad J_n(z) = \frac{1}{2\pi i} \int_{|t|=1} \exp(\frac{z}{2}(t - \frac{1}{t}))\, t^{-n-1}\, dt.$$

Vi utvecklar exponentialfunktionen i potensserie och integrerar termvis. Eftersom

$$\frac{1}{2\pi i} \int_{|t|=1} (t - \frac{1}{t})^k t^{-n-1} dt = \sum_{r=0}^{k} \binom{k}{r} \frac{(-1)^r}{2\pi i} \int_{|t|=1} t^{k-2r-n-1} dt$$

är lika med $(-1)^r \binom{k}{r}$ om $k = n + 2r$ för något $r \geq 0$ och noll annars så får vi att

$$(8.32) \qquad J_n(z) = \sum_{r=0}^{\infty} \frac{(-1)^r}{r!(n+r)!} (\frac{z}{2})^{n+2r}.$$

Ur (8.32) härleder man lätt en differentialekvation för J_n. Om vi använder differentialoperatorn $z\partial/\partial z$ på termerna i serien så multipliceras de bara med $n + 2r$, och om man gör det två gånger multipliceras de med

$$(n + 2r)^2 = n^2 + 4r(n + r).$$

Nu är

$$\sum_{r=0}^{\infty} \frac{(-1)^r}{r!(n+r)!} 4r(n+r)(\frac{z}{2})^{n+2r} = -z^2 \sum_{r=0}^{\infty} (-1)^r \frac{1}{r!(n+r)!} (\frac{z}{2})^{n+2r}$$

så vi får Bessels differentialekvation

$$(8.33) \qquad z^2 J_n''(z) + z J_n'(z) + (z^2 - n^2) J_n(z) = 0.$$

Här ser man inte längre någon anledning att kräva att n ska vara ett heltal. Vi utvidgar därför definitionen av J_n till godtyckliga komplexa tal n genom att definiera

$$(8.34) \qquad J_n(z) = (\frac{z}{2})^n \sum_{r=0}^{\infty} \frac{(-1)^r}{r!\Gamma(n+r+1)} (\frac{z}{2})^{2r}.$$

Om $n = -N$ är ett negativt heltal så tolkar vi termer med $n + r + 1 \leq 0$ som 0 eftersom Γ-funktionen har en pol då, så vi får av (8.34) att

$$J_{-N}(z) = \left(\frac{z}{2}\right)^{-N} \sum_{r=N}^{\infty} \frac{(-1)^r}{r!(r-N)!} \left(\frac{z}{2}\right)^{2r} = (-1)^N J_N(z).$$

Enligt (8.30) överensstämmer därför detta med vår tidigare definition även då n är ett negativt heltal. Det är klart att potensserien i (8.34) alltid konvergerar mot en hel analytisk funktion. Faktorn $(z/2)^n$ är däremot bara definierad sedan man valt argumentet för z. För varje sådant val är det emellertid klart att vi får en lösning till (8.33). Men i den ekvationen ingår bara n^2 så J_{-n} är också en lösning som har ett annat uppförande då $z \to 0$ och alltså är lineärt oberoende såvida n inte är ett heltal. Med detta undantag har vi alltså två lineärt oberoende lösningar till (8.33) och därmed en bas för alla lösningar. För att komma från undantaget inför man ofta

$$Y_n(z) = \frac{\cos(n\pi)J_n(z) - J_{-n}(z)}{\sin(n\pi)}$$

som också löser Bessels differentialekvation då n inte är ett heltal. Nära ett heltal n skriver vi

$$Y_{n+\epsilon}(z) = \frac{\cos((n+\epsilon)\pi)(J_{n+\epsilon}(z) - J_n(z))}{\sin((n+\epsilon)\pi)} +$$

$$\frac{J_{-n}(z) - J_{-n-\epsilon}(z)}{\sin((n+\epsilon)\pi)} + J_n(z)\frac{\cos(\epsilon\pi) - 1}{\sin(\epsilon\pi)}.$$

Då $\epsilon \to 0$ så går den sista termen mot 0 och vi definierar $Y_n(z)$ som

$$\lim_{\epsilon\to 0} Y_{n+\epsilon}(z) = \lim_{\epsilon\to 0}\left(\frac{J_{n+\epsilon}(z) - J_n(z)}{\epsilon\pi} + (-1)^n\frac{J_{-n}(z) - J_{-n-\epsilon}(z)}{\epsilon\pi}\right)$$

vilket blir summan av $\frac{2}{\pi}J_n(z)\log(\frac{z}{2})$ och en meromorf funktion som vi avstår från att beräkna. För varje n är nu J_n och Y_n lineärt oberoende lösningar till (8.33).

Många Fouriertransformer leder till Besselfunktioner. Som exempel ska vi betrakta funktionen

$$f(x) = \begin{cases} (1-x^2)^a & \text{då } -1 < x < 1 \\ 0 & \text{annars.} \end{cases}$$

Detta är en integrerbar funktion om $\operatorname{Re} a > -1$ (vi definierar då $\arg(1 - x^2) = 0$.) För att beräkna

$$\hat{f}(\xi) = \int_{-1}^{1} e^{-ix\xi}(1-x^2)^n dx$$

utvecklar vi exponentialfunktionen i serie och integrerar termvis. Detta ger att

$$\hat{f}(\xi) = \sum_{k=0}^{\infty} \frac{(-i\xi)^k}{k!} \int_{-1}^{1} x^k (1-x^2)^a dx.$$

Integralen är 0 för udda k, medan om $k = 2r$ är den

$$2\int_{0}^{1} x^{2r}(1-x^2)^a dx = \int_{0}^{1} t^{r-\frac{1}{2}}(1-t)^a dt = \frac{\Gamma(r+\frac{1}{2})\Gamma(a+1)}{\Gamma(r+a+\frac{3}{2})}$$

där vi använt (8.19). Om detta ska kunna leda till potensserien i (8.34) så får kvoten mellan två konsekutiva koefficienter

$$(8.35) \qquad \frac{\Gamma(r+\frac{1}{2})\Gamma(a+1)r!\Gamma(r+n+1)}{\Gamma(r+a+\frac{3}{2})(2r)!}$$

bara bero på r som en konstant upphöjd till r. Kvoten mellan (8.35) med r ersatt av $r+1$ och (8.35) med bibehållet r är

$$\frac{(r+\frac{1}{2})(r+1)(r+n+1)}{(r+a+\frac{3}{2})(2r+1)(2r+2)}$$

så vi ser att detta gäller om $n = a + \frac{1}{2}$. Kvoten är då $1/4$, så (8.35) blir 4^{-r} gånger värdet för $r = 0$, vilket är $\Gamma(\frac{1}{2})\Gamma(a+1) = \sqrt{\pi}\Gamma(a+1)$. Vi har då bevisat att då $\operatorname{Re} a > -1$ är

$$(8.36) \qquad \int_{-1}^{1} e^{-ix\xi}(1-x^2)^a dx = \sqrt{\pi}\Gamma(a+1)J_{a+\frac{1}{2}}(\xi)(\frac{\xi}{2})^{-a-\frac{1}{2}}.$$

Om vi skriver (8.36) på formen

$$\sqrt{\pi}J_n(\xi) = (\frac{\xi}{2})^n \frac{1}{\Gamma(n+\frac{1}{2})} \int_{-1}^{1} e^{-ix\xi}(1-x^2)^{n-\frac{1}{2}} dx, \quad \operatorname{Re} n > \frac{1}{2},$$

så kan vi lätt beräkna det asymptotiska uppförandet av $J_n(\xi)$ då $\xi \to \infty$ genom att ändra integrationsvägen så att det oscillerande uppförandet hos integranden ersätts av ett exponentiellt avtagande. Då z tillhör komplexa planet uppskuret längs reella axeln utanför $(-1,1)$ kan vi välja $\arg(1-x^2)$ mellan $-\pi$ och π. Eftersom integralen av $e^{-iz\xi}(1-z^2)^{n-\frac{1}{2}}$ över randen av området i figuren är 0 så får vi då $\epsilon \to 0$ och $R \to \infty$ att integralen över $(-1,1)$ kan ersättas med integration från -1 till $-1 - i\infty$ följt av integration från $1 - i\infty$ till 1. Den senare integralen blir, om vi sätter $z = 1 + it$, så att $1 - z^2 = -it(2 + it)$,

$$\int_{-\infty}^{0} (-ti)^{n-\frac{1}{2}}(2+ti)^{n-\frac{1}{2}}e^{-i(1+it)\xi}i\,dt$$

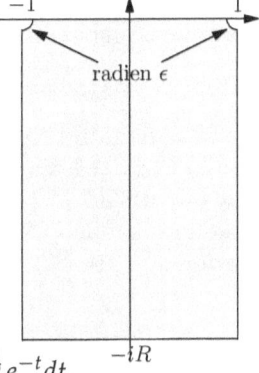

där argumentet för $-t$ är $\pi/2$ och argumentet för $2+it$ är mellan $-\pi/2$ och 0. Integralen blir då

$$e^{-i(\xi-(n+\frac{1}{2})\frac{\pi}{2})}\int_{0}^{\infty}(2-it)^{n-\frac{1}{2}}t^{n-\frac{1}{2}}e^{-t\xi}\,dt =$$

$$e^{-i(\xi-(n+\frac{1}{2})\frac{\pi}{2})}\xi^{-n-\frac{1}{2}}2^{n-\frac{1}{2}}\int_{0}^{\infty}(1-\frac{it}{2\xi})^{n-\frac{1}{2}}t^{n-\frac{1}{2}}e^{-t}\,dt.$$

Integralen går mot $\Gamma(n+\frac{1}{2})$ då $\xi \to \infty$. (Genom att ta ändlig Taylorutveckling av $(1-\frac{it}{2\xi})^{n-\frac{1}{2}}$ får man lätt flera termer i en asymptotisk utveckling.) Nu kan den andra integralen behandlas analogt och ger samma resultat bortsett från en teckenändring i exponenten. Alltså får vi att

$$(8.37)\qquad J_n(\xi) = \sqrt{\frac{2}{\pi\xi}}\left(\cos(\xi - \frac{n\pi}{2} - \frac{\pi}{4}) + o(1)\right) \text{ då } \xi \to \infty.$$

Vi har visat detta för $\operatorname{Re} n > -1/2$. I själva verket är det sant för alla n, och som redan nämnts kan $o(1)$ ersättas av en asymptotisk serie i potenser av $1/\xi$.

Asymptotisk uppförande hos oscillerande integraler

Vid beviset av (8.37) såg vi exempel på hur man genom komplex deformation av integrationsvägen kan bestämma det asymptotiska uppförandet hos en integral som innehåller en snabbt oscillerande faktor. Vi ska nu ge en annan metod för diskussion av sådana integraler som (8.29). Låt alltså f och a vara analytiska funktioner nära reella axeln med perioden 2π till exempel, och antag att $f(t)$ är reell då t är reell. Vi vill bestämma det asymptotiska uppförandet då $x \to +\infty$ av funktionen

$$(8.38)\qquad\qquad I(x) = \int_{0}^{2\pi} e^{ixf(t)}a(t)\,dt.$$

För att se om det lönar sig att skjuta ut integrationsvägen i det komplexa planet observerar vi först att för reella s är

$$\mathrm{Re}(if(t+is)) = \mathrm{Re}\, i(f(t) + isf'(t) + O(s^2)) = -sf'(t) + O(s^2).$$

Detta är negativt för små s som har samma tecken som $f'(t)$, så vi vill gå ut i det komplexa talplanet i riktningen $if'(t)$. Ett problem uppstår nu då $f'(t) = 0$. Låt oss för enkelhets skull betrakta ett enkelt nollställe t för vilket $f'')(t) \neq 0$. Vi har då för små komplexa värden av s att

$$if(t+s) = i(f(t) + sf'(t) + f''(t)\frac{s^2}{2} + O(s^3) =$$

$$if(t) + f''(t)\frac{is^2}{2} + O(s^3).$$

Det är naturligt att välja s så att $is^2 f''(t)$ är negativ. Vi ersätter därför integrationen från 0 till 2π med integration över en kurva som i figuren nedan.

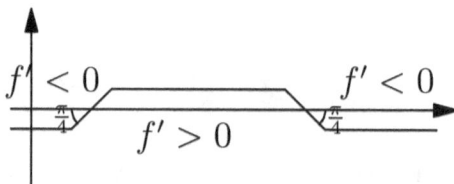

Nära en punkt där $f'(t) = 0$ är den en linje med lutningen $\frac{\pi}{4}$ sign $f''(t)$ genom t och däremellan är imaginärdelen $\pm\epsilon$ med ϵ litet och tecknet valt så att Im $f > 0$ där. (Om vi uppfattar e^{it} som variabel istället för t så är det klart att det inte är något särskilt problem med att flytta integrationsvägen nära 0 och nära 2π.) Då blir Re $f(t)$ negativ på integrationsvägen utom i de stationära punkterna till f, alltså nollställena till f'. Om t är en sådan punkt blir bidraget till integralen från omgivningen lika med

$$e^{ixf(t)} \int_{-\delta}^{\delta} e^{-xs^2(|f''(t)|/2+O(s))}a(t + s\theta)\theta ds,$$

där $\theta = \exp(\pi i(\mathrm{sign}\, f''(t))/4)$. Vi tar δ så litet att realdelen av $|f''(t)|/2 + O(s)$ är större än $|f''(t)|/3$ på integrationsintervallet. Om vi nu inför $s\sqrt{x}$ som ny variabel så blir integralen lika med $x^{-\frac{1}{2}}$ gånger

$$\theta \int_{-\delta\sqrt{x}}^{\delta\sqrt{x}} e^{-s^2(|f''(t)|/2+O(\frac{s}{\sqrt{x}}))}a(t + \frac{s\theta}{\sqrt{x}})ds.$$

Integranden majoreras av $e^{-s^2|f''(t)|/3}\max|a|$ och konvergerar likformigt på varje ändligt intervall mot $e^{-s^2|f''(t)|/2}a(t)$, så integralen går mot

$$\int_{-\infty}^{\infty} e^{-s^2|f''(t)|/2}a(t)ds = a(t)\sqrt{\frac{2\pi}{|f''(t)|}}.$$

(Genom att ta med flera termer i Taylorutvecklingen av f och a ser man lätt att skillnaden mellan integralen och dess gränsvärde är $O(1/x)$ och att den i själva verket kan utvecklas i en asymptotisk serie i potenser av $1/x$.) Vi har därmed verifierat metoden med den stationära fasen. Namnet kommer av att f kallas fasfunktionen i (8.38).

Sats 8.5: Metoden med den stationära fasen

Om f och a i (8.38) är analytiska nära reella axeln och periodiska med perioden 2π samt f är reell på reella axeln och f' bara har enkla nollställen där, så gäller att

$$(8.39)\quad I(x) = \sqrt{\frac{2\pi}{x}} \sum_{f'(t)=0} \frac{e^{i(xf(t)+\frac{\pi}{4}\operatorname{sign}f''(t))}a(t)}{\sqrt{|f''(t)|}} + o(\frac{1}{\sqrt{x}})$$

då $x \to \infty$

Som redan nämnts är resten i själva verket $O(x^{-3/2})$. Satsen gäller också om f och a inte är analytiska, och man kan modifiera den om f' har nollställen av högre ordning. Vi nöjer oss emellertid med föregående formulering och betraktar som exempel $J_n(x)$ med heltaliga n, definierade av (8.30). Då är $f(t) = \sin t$, så $f'(t) = \cos t = 0$ då $t = \pm\frac{\pi}{2}$. Då är $f''(t) = \mp 1$ och $f(t) = \pm 1$ samt

$$a(t) = \frac{e^{-int}}{2\pi} = \frac{e^{\mp in\frac{\pi}{2}}}{2\pi}.$$

Vi får alltså att

$$J_n(x) = \sqrt{\frac{2}{\pi x}}\cos(x - \frac{n\pi}{2} - \frac{\pi}{4}) + o(\frac{1}{\sqrt{x}})$$

i överensstämmelse med (8.37).

I Bilaga H ges ytterligare en illustration på föregånde metod, där med integration från $-\infty$ till ∞, nämligen den i fysiken viktiga Airy-funktionen.

9

Ordinära differentialekvationer

Existens av analytiska lösningar

Vi har sett att för varje analytisk funktion f i en cirkelskiva $D = \{z; |z| < R\}$ kan man finna en analytisk funktion u där med

$$u' = f \text{ i } D, \quad u(0) = 0,$$

och detta bestämmer u entydigt. Om $f(z) = \sum_0^\infty a_n z^n$ har vi helt enkelt

$$u(z) = \sum_{n=0}^\infty a_n \frac{z^{n+1}}{n+1}.$$

En allmännare form av detta resultat är följande.

Sats 9.1

Låt a och f vara analytiska funktioner i D och låt $u_0 \in \mathbb{C}$. Då finns en och endast en analytisk funktion u i D som uppfyller

$$(9.1) \qquad u'(z) + a(z)u(z) = f(z), z \in D, \quad u(0) = u_0.$$

Bevis. Vi har just konstaterat att det finns en analytisk funktion A med $A'(z) = a(z)$ och $A(0) = 0$. Om vi sätter $v(z) = u(z)e^{A(z)}$ så blir (9.1) ekvivalent med

$$v'(z) = f(z)e^{A(z)}, \quad v(0) = u_0,$$

125

som har en och endast en lösning v.   □

Föregående sats gäller också för system av differentialekvationer:

Sats 9.2

Låt $a(z) = (a_{jk}(z))_{j,k=1}^n$ vara en $n \times n$-matris med koefficienter som är analytiska i D, och låt $f(z) = (f_1(z),\ldots,f_n(z))$ vara en n vektor med analytiska komponenter i D. För varje $u_0 \in \mathbb{C}^N$ kan man då finna en och endast en funktion $u(z) = (u_1(z),\ldots,u_n(z))$ med analytiska komponenter i D som uppfyller

(9.2) $u'(z) + a(z)u(z) = f(z), \; z \in D, \quad u(0) = u_0.$

Bevis. Det räcker att bevisa påståendet då a och f är begränsade i D, för då finns ett entydigt bestämt u i varje mindre cirkelskiva. Vi definierar en följd $u_\nu(z)$ så att $u_0(z) = u_0$ och

(9.3) $u_\nu'(z) + a(z)u_{\nu-1}(z) = f(z), \; z \in D, \quad u_\nu(0) = u_0$

då $\nu > 0$. Om vi sätter $v_\nu = u_{\nu+1} - u_\nu$ gäller att $v_\nu(0) = 0$ och att

$$v_\nu'(z) = -a(z)v_{\nu-1}(z).$$

Låt $\sum_k |a_{jk}(z)| \leq M$ då $z \in D$, och sätt

$$M_1 = \sup_{z \in D} \max_j |v_{0j}(z)|.$$

Då gäller för $\nu \geq 0$ att

(9.4) $|v_{\nu j}(z)| \leq M_1 \dfrac{M^\nu |z|^\nu}{\nu!}.$

Detta bevisas med induktion. För $\nu = 0$ är det definitionen av M_1 och om (9.4) är sann med ν ersatt av $\nu - 1$ får vi

$$|v_{\nu j}'(z)| \leq \sum_k |a_{jk}(z)||v_{\nu-1,k}(z)| \leq M_1 \frac{M^\nu |z|^{\nu-1}}{(\nu-1)!}$$

från vilket vi får (9.4) genom att integrera från 0 till z. Nu medför (9.4) att

$$u(z) = \lim_{\nu \to \infty} u_\nu(z) = u_0 + \sum_{\nu=1}^\infty v_\nu(z)$$

existerar med likformig konvergens. Det följer att u är analytisk och $u_\nu(z) \to u(z)$. Genom att låta $\nu \to \infty$ i (9.3) får vi (9.2).

Om det funnes en annan lösning till (9.2) skulle skillnaden vara en lösning till $v' = -av$ med $v(0) = 0$. Genom att övergå till en mindre cirkelskiva kan vi anta att v är begränsad och kan då sätta $v_\nu = v$ för alla ν ovan. Eftersom $v_\nu \to 0$ då $\nu \to \infty$ får vi $v = 0$, vilket slutför beviset. $\qquad\qquad\qquad\qquad\qquad\qquad\qquad\qquad\qquad\qquad\qquad$ $\square$

Anmärkning Längre fram (se sidan 126) behöver vi ett tillägg i situationen då $f = 0$, nämligen att det gäller att

$$(9.5) \qquad\qquad \max_j |u_j(z)| \leq M_1 e^{|z|M}.$$

Eftersom $v'_0(z) = u'_1(z) = -a(z)u_0$ har vi då nämligen att

$$|v'_{0j}(z)| \leq M_1 M, \quad \text{alltså} \quad |v_{0j}(z)| \leq M_1 M|z|.$$

Vi kan därför förbättra (9.4) till

$$|v_{\nu j}(z)| \leq M_1 \frac{M^{\nu+1}|z|^{\nu+1}}{(\nu+1)!}$$

vilket ger (9.5).

Föjdsats *Om $a_1, \ldots, a_m$ är analytiska i D så har differentialekvationen*

$$(9.6) \quad u^{(m)}(z) + a_1(z)u^{(m-1)} + \ldots + a_m(z)u(z) = f(z), \ z \in D,$$

för varje analytisk funktion f i D och varje $u_0 \in \mathbb{C}^m$ en och endast en analytisk lösning i D som uppfyller

$$(9.7) \qquad\qquad u^{(m-j)}(0) = u_{0j}, \ j = 1, \ldots, m.$$

Bevis. Sätt $u_j = u^{(m-j)}$. Då är (9.6) ekvivalent med

$$\begin{cases} u'_1 + a_1 u_1 + \ldots + a_{m-1}u_{m-1} + a_m u_m &= f, \\ u'_2 \ - u_1 & = 0 \\ \quad\vdots & \vdots \\ u'_m \qquad\qquad\qquad\qquad - u_{m-1} &= 0, \end{cases}$$

och (9.7) kan skrivas $u_j(0) = u_{0j}$. Påståendet följer då genast av Sats 9.2. $\qquad\Box$

Differentialekvationer med konstanta koefficienter

Låt A vara en $n \times n$ matris med konstanta komplexa koefficienter och betrakta differentialekvationssystemt

(9.8) $$u'(z) = Au(z)$$

där $u = (u_1, \ldots, u_n)$ vars komponenter är analytiska. Enligt Sats 9.2 vet vi att för varje $u_0 \in \mathbb{C}^N$ finns precis en hel analytisk lösning med $u(0) = u_0$. Om $n = 1$ så ges den av $u(z) = e^{Az}u_0$. Vi ska utvidga detta till allmänt n genom att ge en lämplig definition av e^{Az}.

Om F är en hel analytisk funktion

$$F(z) = \sum_{j=0}^{\infty} f_j \, z^j.$$

Vi ska då definiera

(9.9) $$F(A) = \sum_{j=0}^{\infty} f_j \, A^j,$$

där $A^0 = I$ är identitetsmatrisen. Först måste vi förstås bevisa att serien är konvergent. Skriv därför

$$\|A\| = \sum_{j,k=1}^{n} |a_{jk}|$$

och observera att

$$\|AB\| \le \sum_{j,k,l} |a_{jk}||b_{kl}| \le \|A\|\|B\|.$$

Vi har alltså att $\|A^j\| \le \|A\|^j$ för varje j, så matriselementen i serien (9.9) har absolutbelopp som är mindre än termerna i den positiva konvergenta serien

$$\sum_{j=0}^{\infty} |f_j| \|A\|^j.$$

Alltså konvergerar (9.9). Det är klart att om G är en annan hel analytisk funktion så blir $F(A)G(A) = (FG)(A)$, för denna identitet innebär bara en omordning av termerna i en absolut konvergent dubbelserie.

Vi ska nu ge en motsvarighet till Cauchys integralformel. Låt ω vara ett begränsat område med C^1 rand som i sitt inre har alla egenvärden till A, alltså alla lösningar till ekvationen

(9.10) $$\det(zI - A) = 0.$$

Vi ska då visa att

(9.11) $$F(A) = \frac{1}{2\pi i} \int_{\partial \omega} F(\zeta)(\zeta I - A)^{-1} d\zeta.$$

Eftersom $(\zeta I - A)^{-1}$ är en analytisk funktion av ζ utanför egenvärdena är denna integral oberoende av valet av ω. Vi tar

$$\omega = \{\zeta;\ |\zeta| < 1 + \|A\|\}.$$

För ζ ligger på $\partial \omega$ har vi att

$$(\zeta I - A)^{-1} = \zeta^{-1}(I + A/\zeta + \ldots + (A/\zeta)^{N-1}) + (A/\zeta)^N (\zeta I - A)^{-1}.$$

Från detta får vi genom integration att

$$\frac{1}{2\pi i} \int_{\partial \omega} F(\zeta)(\zeta I - A)^{-1} d\zeta - \sum_{j=0}^{N-1} F^{(j)}(0) \frac{A^j}{j!} =$$

$$\frac{1}{2\pi i} \int_{\partial \omega} F(\zeta)(A/\zeta)^N (\zeta I - A)^{-1} d\zeta.$$

Då $\zeta \in \partial \omega$, har vi att

$$\|(A/\zeta)^N\| \leq \frac{\|A\|}{(1 + \|A\|)^N} \to 0 \text{ då } N \to \infty,$$

så går integralen i högerledet mot 0 då $N \to \infty$, vilket bevisar (9.11) eftersom summan är $F(A)$. Av (9.11) följer för övrigt att $F(A)$ kan definieras för varje F som är analytisk i en omgivning av egenvärdena, men detta saknar betydelse för oss.

För $F(\zeta) = e^{z\zeta}$ får vi speciellt att

$$e^{Az} = \frac{1}{2\pi i} \int_{\partial \omega} e^{z\zeta}(\zeta I - A)^{-1} d\zeta,$$

vilket visar att e^{Az} är en analytisk funktion av z (d.v.s. att matriselementen är det). Derivation med avseende på z ger att

$$\frac{d}{dz}e^{Az} = \frac{1}{2\pi i}\int_{\partial\omega} e^{z\zeta}\zeta(\zeta I - A)^{-1}d\zeta =$$

$$\frac{1}{2\pi i}\int_{\partial\omega} e^{z\zeta}(I + A(\zeta I - A)^{-1})d\zeta = Ae^{Az}.$$

Vi kunde också ha fått detta ur potensserieutvecklingen

$$e^{Az} = \sum_{j=0}^{\infty} A^j \frac{z^j}{j!}.$$

Det följer nu genast att lösningen till (8.8) med $u(0) = u_0$ är

$$u(z) = e^{Az}u_0.$$

Matrisfunktionen e^{Az} har en mycket enkel analytisk form. Genom partialbråksuppdelning av den rationella funktionen $(\zeta I - A)^{-1}$, som är kvoten av kofaktormatrisen och determinanten av $\zeta I - A$, kan vi nämligen skriva

(9.12) $$(\zeta I - A)^{-1} = \sum_j \sum_{k<m_j} R_{jk}(\zeta - \lambda_j)^{-k-1}.$$

Här är λ_j egenvärdena till A, m_j är högst lika med multipliciteten av λ_j som rot till (9.10) och R_{jk} är matriser med konstanta koefficienter. Cauchys integralformel ger nu att

(9.13) $$e^{Az} = \sum_j e^{\lambda_j z} \sum_{k<m_j} R_{jk}\frac{z^k}{k!}.$$

Vi får alltså en summa av de vanliga exponentialfunktionerna $e^{\lambda_j z}$ multiplicerade med polynom av grad lägre än multipliciteten för λ_j.

Om vi multiplicerar (9.12) med $\zeta I - A = (\zeta - \lambda_j)I + (\lambda_j I - A)$ och använder entydigheten av partialbråksuppdelningen får vi att

(9.14) $$I = \sum_j R_{j0}, \quad \text{och} \quad (A - \lambda_j I)R_{jk} = R_{j,k+1}$$

där $R_{jk} = 0$ då $k \geq m_j$. Vi har alltså att

(9.15) $$R_{jk} = (A - \lambda_j I)^k R_{j0} \quad \text{och} \quad (A - \lambda_j I)^{m_j}R_{j0} = 0.$$

Värdeförrådet av R_{j0} består därför av generaliserade egenvektorer till egenvärdet λ_j, alltså vektorer x sådana att $(A - \lambda_j I)^k x = 0$ för något k. Enligt första delen av (9.14) finns en bas för $\mathbb{C}^n$ som består av generaliserade egenvektorer.

Isolerade singulariteter

Vi ska nu studera ett system av differentialekvationer

(9.16) $$u'(z) = a(z)u(z)$$

där a är en given analytisk $n \times n$ matris med en isolerad singularitet i origo och $u = (u_1, \ldots, u_n)$ ska ha analytiska komponenter. Antag att a är analytisk till exempel då $0 < |z| < 1$ och sätt

$$z = e^Z \quad \text{och} \quad U(Z) = u(e^Z) \text{ där } \operatorname{Re} Z < 0.$$

Då övergår (9.16) i ekvationen

(9.17) $$U'(Z) = b(Z)U(Z)$$

där $b(Z) = e^Z a(e^Z)$ är analytisk då $\operatorname{Re} Z < 0$ och periodisk med perioden $2\pi i$,

(9.18) $$b(Z + 2\pi i) = b(Z).$$

Om vi kan finna en lösning U till (9.17) med samma period så definierar U en entydig analytisk funktion u i området $0 < |z| < 1$ som uppfyller (9.16). Emellertid kommer det att visa sig att vi i allmänhet inte kan få en periodisk lösning till (9.17) och därför måste acceptera flertydiga lösningar till (9.16).

Ekvationen (9.17) har enligt Sats 9.1 en och endast en lösning i en godtycklig cirkel i vänstra halvplanet med givet värde i medelpunkten. Genom att välja en växande följd av sådana cirklar ser vi att lösningen i själva verket existerar i hela halvplanet $\operatorname{Re} Z < 0$. Vi väljer en fix punkt Z_0 där och får för varje $U_0 \in \mathbb{C}^n$ en och endast en lösning till (9.17) då $\operatorname{Re} Z < 0$ för vilken

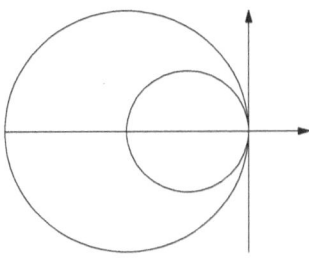

$$U(Z_0) = U_0.$$

Om vi ersätter Z med $Z + 2\pi i$ i (9.17) och använder (9.18) ser vi att $Z \mapsto U(Z + 2\pi i)$ också är en lösning till (9.17). Dess värde i Z_0 beror lineärt på U_0, så vi kan definiera en lineär transformation A i $\mathbb{C}^n$ genom

(9.19) $$AU(Z_0) = U(Z_0 + 2\pi i).$$

Denna är uppenbart inverterbar. Alla egenvärden är därför $\neq 0$.
Låt nu U_0 vara en egenvektor till A,

$$AU_0 = \lambda U_0.$$

För lösningen U med $U(Z_0) = U_0$ har vi då att

(9.20) $U(Z + 2\pi i) = \lambda U(Z)$

för detta gäller då $Z = Z_0$. Sätt $\mu = (\log \lambda)/2\pi i$, med ett godtyckligt val av logaritmen. Då betyder (9.20) att

$$U(Z)e^{-\mu Z}$$

har perioden $2\pi i$ och alltså är en analytisk funktion $v(z)$. Vi får därför en lösning till (9.16) av formen

(9.21) $z \mapsto z^\mu v(z)$

där v är en entydig analytisk funktion då $0 < |z| < 1$. Flertydigheten ligger helt i potensfunktionen.

Låt U_0 nu istället vara en generaliserad egenvektor till A,

$$(A - \lambda I)^m U_0 = 0.$$

Vi kan anta att $\lambda = 1$ för annars kan vi sätta $U(Z) = e^{\mu Z}V(Z)$, där $\lambda = e^{2\pi i \mu}$ och betrakta ekvationen

$$V'(Z) = (b(Z) - \mu)V(Z)$$

istället. Vi påstår nu att om $(A - I)^m U_0 = 0$ så kan lösningen med $U(Z_0) = U_0$ till (9.17) på entydigt sätt skrivas i formen

(9.22) $$U(Z) = \sum_{j=0}^{m-1} U_j(Z)\frac{Z^j}{j!}$$

där U_j har perioden $2\pi i$. Detta är klart om $m = 1$, så vi antar att påståendet är bevisat för lägre värden av m än det aktuella. Lösningen $U(Z + 2\pi i) - U(Z)$ till (9.17) är lika med $(A - I)U_0$ i Z_0 så vi kan skriva

$$U(Z + 2\pi i) - U(Z) = \sum_{j=0}^{m-2} V_j(Z)\frac{Z^j}{j!}$$

där V_j är periodiska med perioden $2\pi i$ och entydigt bestämda. Om vi sätter in (9.22) och använder periodiciteten hos U_j så kan denna ekvation skrivas

$$\begin{cases} 2\pi i U_{m-1} & = V_{m-2}, \\ 2\pi i U_{m-2} + (2\pi i)^2 \frac{U_{m-1}}{2} & = V_{m-3}, \\ \dots \end{cases}$$

som vi kan lösa successivt för $U_{m-1}, \dots U_1$ som alla blir periodiska. Sätt

$$S(Z) = \sum_{j=1}^{m-1} U_j(Z) \frac{Z^j}{j!}.$$

Vi har då att $U(Z + 2\pi i) - U(Z) = S(Z + 2\pi i) - S(Z)$, så $U_0(Z) = U(Z) - S(Z)$ är periodisk med perioden $2\pi i$. Vi har visat

---

Sats 9.3

Det finns en bas för lösningar till (9.17) av formen

(9.23) $$U(Z) = e^{\mu Z} \sum_{j=0}^{m-1} U_j(Z) \frac{Z^j}{j!}$$

där $U_j(Z)$ är analytiska och $U_j(Z + 2\pi i) = U_j(Z)$. Här är $e^{2\pi i \mu}$ ett egenvärde till den avbildning A som definieras av (9.19). För varje sådant finns en lösning av formen (9.23) med $m = 1$ som inte är identisk 0.

Om man återgår till de ursprungliga variablerna får man lösningar till (9.16) av formen

(9.24) $$u(z) = z^\mu \sum_{j=0}^{m-1} u_j(z) \frac{(\log z)^j}{j!}, \quad 0 < |z| < 1,$$

där u_j är entydiga analytiska funktioner. Flertydigheten orsakas alltså dels av potensfunktionen, dels av logaritmfunktionen.

Exemplet

$$u'(z) = \frac{1}{z^2} u(z)$$

där lösningen är $u(z) = Ce^{-1/z}$ visar att man kan få en lösning med en väsentlig singularitet i 0 även om a bara har en pol. Detta kan dock inte inträffa om man har en enkel pol.

Sats 9.4

Om a har högst en enkel pol i origo har funktionerna u_j i (9.24) bara poler i origo.

Bevis. Vi ska visa att det finns något heltal N sådant att $u_j(z)z^N \to 0$ då $z \to 0$, alltså

$$U_j(Z)e^{NZ} \to 0 \text{ då Re } Z \to -\infty.$$

På grund av periodiciteten räcker det att bevisa det för $|\operatorname{Im} Z| \le \pi$. Eftersom $za(z)$ är begränsad då $z \to 0$ är $b(Z)$ begränsad i vänstra halvplanet. Av anmärkningen efter Sats 9.2 följer därför att

$$\frac{\|U(Z)\|}{\|U(W)\|} \le e^M \text{ då } |Z - W| < 1,$$

där $\|U\|$ betecknar maximum av komponenterna. Men detta medför att

$$\|U(Z)\| \le Ce^{M|Z|},$$

så för $N > M$ har vi att $U(Z)e^{NZ} \to 0$ då Re $Z \to -\infty$ och $|\operatorname{Im} Z|$ är begränsad. Men som i beviset för (8.23) kan vi framställa $U_j(Z)$ som en lineärkombination av $U(Z + 2\pi i k)$, $0 \le k < m$, och detta fullbordar beviset. $\square$

Vi ska nu exemplifiera resultatet på differentialekvationer av andra ordningen med en vanligt förekommande typ av singularitet

(9.25) $\qquad Lu = z^2u''(z) + za_1(z)u'(z) + a_2(z)u(z) = 0$

där a_1 och a_2 är analytiska i en omgivning av 0. Ett exempel är Bessels differentialekvation (8.34). Om vi sätter

$$u_1(z) = u(z), \quad u_2(z) = zu'(z)$$

så blir $zu_2'(z) = z^2u''(z) + zu'(z)$. Ekvationen är därför ekvivalent med systemet

$$\begin{cases} zu_1'(z) = u_2(z), \\ zu_2'(z) = -(a_1(z) - 1)u_2(z) - a_2(z)u_1(z) \end{cases}$$

som uppfyller förutsättningarna i Sats 9.1 och Sats 9.2. Vi vet därför att (9.25) har minst en lösning av formen

(9.26) $\qquad\qquad\qquad u(z) = z^\mu v(z)$

där v är entydig med högst en pol i origo. Genom att bryta ut en potens av z och ändra μ med ett heltal kan vi åstadkomma att v är analytisk nära 0 och $v(0) \neq 0$, alltså att

$$(9.27) \qquad u(z) = z^\mu \sum_{j=0}^{\infty} v_j z^j, \quad v_0 \neq 0.$$

Vi får nu då $z \to 0$ att

$$Lu = z^\mu(\mu(\mu-1) + \mu a_1(0) + a_2(0))v_0 + O(z^{\mu+1}) = 0,$$

vilket medför att μ uppfyller indicialekvationen

$$(9.28) \qquad \mu(\mu-1) + \mu a_1(0) + a_2(0) = 0.$$

Om vi väljer $v_0 = 1$ som exempel får vi för bestämning av de andra koefficienterna successivt ekvationer av formen

$$((\mu+j)(\mu+j-1) + (\mu+j)a_1(0) + a_2(0))v_j = R_j, \quad j = 1, 2, \ldots,$$

där R_j beräknas med hjälp av de föregående koefficienterna. Vi kan därför beräkna alla koefficienter såvida inte $\mu + j$ är en lösning till indicialekvationen för något heltal $j > 0$.

Sats 9.5

Om indicialekvationen har två rötter som inte skiljer sig med ett heltal så finns för varje rot μ en lösning till (9.25) av formen (9.27). Om indicinalekvationen har rötter μ och ν sådana att $\mu - \nu$ är ett heltal ≥ 0 så finns alltid en sådan lösning $u^+(z)$ som svara mot "den större roten" μ. Det finns då en lineärt oberoende lösning av formen

$$u(z) = z^\nu \sum_{j=0}^{\infty} w_j z^j + \gamma \log z u^+(z),$$

där γ är en konstant (som eventuellt är 0) och $w_0 \neq 0$ om $\nu \neq \mu$.

Bevis. Om det finns två lineärt oberoende lösningar av formen (9.27) kan vi genom att bilda en lämplig lineärkombination alltid se till att de har olika ledande exponenter μ. De måste därför svara mot olika rötter till indicinalekvationen. I detta fall gäller påståendena i satsen (med $\gamma = 0$). I annat fall finns en lösning

$$u(z) = z^\kappa(w(z) + (\log z)v(z))$$

där v är analytisk i en omgivning av origo och $v(0) \neq 0$ medan w får ha en pol. Eftersom $v(z)$ också måste vara en lösning så är κ en lösning till indicinalekvationen. Om w har en pol med ordning $m > 0$ så är det vidare klart att $\kappa - m$ måste lösa indicinalekvationen och man har då ett av fallen i satsen. I annat fall är w analytisk nära 0. Eftersom

$$\begin{cases} z(z^\kappa \log z)' = z^\kappa(\kappa \log z + 1) \\ z^2(z^\kappa \log z)'' = z^\kappa(\kappa(\kappa - 1)\log z + 2\kappa - 1) \end{cases}$$

blir de enda termerna i Lu av ordning κ lika med

$$((2\kappa - 1) + a_1(0))z^\kappa v_0.$$

Vi måste därför ha att $2\kappa - 1 + a_1(0) = 0$, så κ är en dubbelrot till indicinalekvationen. Detta bevisar satsen.   □

Exempel 9.1 För Bessels differentialekvation (8.34) är indicinalekvationen $\mu^2 = n^2$ med rötterna $\mu = \pm n$. Då $2n$ är ett heltal skulle det alltså enligt Sats 9.5 kunna tänkas att en logaritmisk term förekommer i lösningen. Emellertid vet vi av (8.34) att detta inte händer utom då n är ett heltal. Logaritmiska termer behöver alltså inte alltid förekomma då de enligt Sats 9.5 är tänkbara.

Bilagor

Stieltjes–Vitalis sats

I den här bilagan ska vi visa följande sats som är nära relaterad till Sats 5.5 och ofta är användbar.

> **Sats A.1: Stieltjes–Vitali**
>
> Om funktionerna $f_n \in A(\Omega)$, $n = 1, 2, \ldots$ har en likformig begränsning på varje kompakt delmängd av Ω, så gäller detta också för följden $f_n'(z)$. Man kan finna en delföljd f_{n_k} som då $k \to \infty$ konvergerar likformigt på varje kompakt delmängd av Ω mot en analytisk funktion f i Ω.

Bevis. Det första påståendet följer av att

$$f_n'(\zeta) = \frac{1}{2\pi i} \int_{\partial\omega} \frac{f_n(z)dz}{(z - \zeta)^2} \quad \text{då } \zeta \in \omega.$$

Genom Cantors diagonalförfarande kan vi välja en delföljd f_{n_k} så att $f_{n_k}(z)$ har ett gränsvärde då $k \to \infty$ för varje rationellt $z \in \Omega$[8]. Låt $\omega \subset\subset \Omega$ vara en cirkelskiva och välj M så att $|f_n'| \leq M$ i ω för alla n. Då har vi

$$|f_n(z) - f_n(\zeta)| \leq M|z - \zeta| \quad \text{då } z, \zeta \in \omega,$$

alltså

$$|f_{n_k}(z) - f_{n_j}(z)| \leq |f_{n_k}(\zeta) - f_{n_j}(\zeta)| + 2M|z - \zeta| \quad \text{då } z, \zeta \in \omega.$$

Givet $\epsilon > 0$ kan vi för varje $z \in \omega$ ta ett rationellt ζ i ω så att $2M|z - \zeta| < \epsilon$ och får då att om j och k är tillräckligt stora så gäller att

(A.1) $$|f_{n_k}(z) - f_{n_j}(z)| < \epsilon.$$

Enligt Cauchys konvergensprincip visar detta att gränsvärdet

$$f(z) = \lim_{k \to \infty} f_{n_k}(z)$$

existerar för alla z i ω. Vi kan nu välja ändligt många punkter ζ_j i ω, $j = 1, \ldots, J$, så att för varje z i ω gäller att $2M|z - \zeta_j| < \epsilon$ för något j. Alltså gäller (A.1) för alla z i ω då j och k är större än ett tal som inte beror på z. Detta bevisar att $f_{n_k} \to f$ likformigt i ω. $\qquad\square$

Riesz sats om konvergens på randen

I den här bilagan ska vi använda maximumprincipen för en analytisk funktion för att studera konvergensen av en potensserie på konvergenscirkelns rand. Sats 5.7 ger ingen information om det. För potensserien

$$\sum_{n=0}^{\infty} \frac{z^n}{R^n}$$

är konvergensradien R och serien divergerar för varje z med $|z| = R$ eftersom termerna då inte går mot 0 då $n \to \infty$. Å andra sidan har potensserien

$$\sum_{n=0}^{\infty} \frac{1}{(n+1)^2} \frac{z^n}{R^n}$$

också konvergensradien R men den konvergerar för alla z med $|z| = R$ eftersom $\sum_n (n+1)^{-2} < \infty$.

Vi har nu följande sats.

Sats B.1: Riesz

Låt f vara analytisk i ett område $\Omega \subset \mathbb{C}$ som omfattar cirkel-skivan $D = \{z \in \mathbb{C};\ |z| < R\}$, och antag att $f^{(n)}(0)R^n/n! \to 0$ då $n \to \infty$. Om K är en kompakt mängd $\subset \Omega \cap \overline{D}$, så gäller med likformig konvergens att

$$f(z) = \sum_{n=0}^{\infty} f^{(n)}(0)\frac{z^n}{n!} \quad \text{då } z \in K.$$

Obervera att villkoret $f^{(n)}(0)R^n/n! \to 0$ är ekvivalent med att ter-merna i potensserien går mot 0 då $z \in \partial D$.

Bevis. Vi kan anta att $R = 1$ och att K är en cirkelsektor

$$K = \{z; |z| \leq 1, \theta_1 \leq \arg z \leq \theta_2\}.$$

Välj $r > 1$ och $\phi_1 < \theta_1, \phi_2 > \theta_2$ och sätt $K_r = \{z; |z| \leq r,\ \phi_1 \leq \arg z \leq \phi_2\}$ som omfattar K.

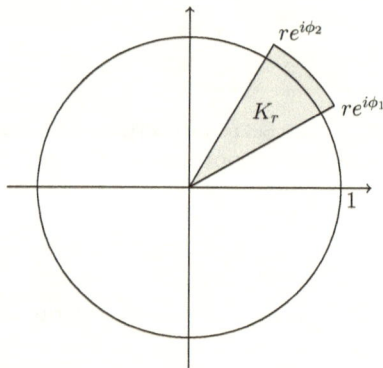

Vi skall uppskatta resten

$$f_n(z) = f(z) - \sum_{j=0}^{n-1} a_j z^j, \quad a_j = f^{(j)}(0)/j!,$$

då $z \in K_r$. Välj $\epsilon > 0$ och bestäm m så att $|a_j| < \epsilon$ då $j \geq m$. Då har vi

(B.1) $$|f_n(z)| \leq \sum_{j=n}^{\infty} \epsilon|z|^j = \frac{\epsilon|z|^n}{1 - |z|} \quad \text{om } n \geq m,\ z \in D.$$

Om $|f(z)| \leq C_1$ i K_r och $|a_j| \leq C_2$ för alla j, så har vi för $z \in K_r \backslash K_1$ och $n > m$

(B.2) $\qquad |f_n(z)| \leq |f(z)| + \sum_{j=0}^{m} |a_j||z|^j + \sum_{j=m}^{n-1} |a_j||z|^j \leq$

$$\leq C_1 + C_2(1 + |z| + \ldots + |z|^{m-1}) + \epsilon(1 + \ldots + |z|^{n-1}) \leq$$

$$\leq 2\epsilon(1 + \ldots + |z|^{n-1}) < \frac{2\epsilon|z|^n}{1 - |z|}$$

förutsatt att n är tillräckligt stort. Parantesen i näst sista ledet är nämligen minst lika med n och ϵ, m är fixerade.

De uppskattningar vi nu fått är dåliga då $|z|$ är nära 1. För att få en bra uppskattning på hela ∂K_r inför vi nu

$$g_n(z) = (f(z) - \sum_{j=0}^{n-1} a_j z^j)(z - e^{i\phi_1})(z - e^{i\phi_2})z^{-n}.$$

Då är g_n analytisk i en omgivning av K_r, och då $z \in \partial K$ ger (B.1)

$$|g_n(z)| \leq 2\epsilon \quad \text{om} \quad |z| \leq 1,$$

eftersom $|z - e^{i\phi_j}| = 1 - |z|$ för $j = 1$ eller $j = 2$. Då $1 < |z| < r$ och $\arg z = \phi_j$ har vi på grund av (B.2)

$$|g_n(z)| \leq 2\epsilon(1 + r)$$

och då $z \in \partial K_r$, $|z| = r$, har vi att

(B.3) $\qquad\qquad |g_n(z)| \leq \frac{2\epsilon(r + 1)^2}{r - 1}.$

Uppskattningen (B.3) gäller alltså för alla $z \in \partial K_r$ och därför enligt maximumprincipen för alla $z \in K_r$. Detta bevisar att g_n går likformigt mot 0 då $n \to \infty$, alltså att

$$(f(z) - \sum_{j=0}^{n-1} a_j z^j)(z - e^{i\phi_1})(z - e^{i\phi_2}) \to 0$$

likformigt i K_1. De två sista faktorerna är begränsade nedåt då $z \in K$, så $f(z) - \sum_{j=0}^{n-1} a_j z^j \to 0$ likformigt då $z \in K$. Därmed är satsen bevisad. $\qquad\qquad\qquad\qquad\qquad\qquad\qquad\qquad \square$

Tillämpningar på spektralteori

Introduktion

I den här bilagan härleder vi först linjär algebrans spektralsats för symmetriska reella matriser med hjälp av komplex analys. Sedan utvidgas detta till att på ett mostvarande sätt analysera egenvärdesproblemet för för differentialekvationen $-u'' + pu = f$, $u(0) = u(1) = 0$, där p är en given kontinuerlig funktion.

Spektralsatsen i den linjära algebram

Vi skall börja med att ge ett bevis för att en reell symmetrisk $n \times n$-matris $A = (a_{jk})$ har ett fullständigt ortogonalsystem av egenvektorer. Betrakta därför resolventen

$$R(z) = (A - zI)^{-1}, \quad z \in \mathbb{C},$$

där I är identitetsmatrisen. Detta är en $n \times n$-matrix definierad utom då z är ett nollställe till $\det(A - zI)$, vilket är ett polynom av graden n. Som $R(z)$ är lika med matrisen av kofaktorerna i $A - zI$ delad med $\det(A - zI)$ så är R (eller rättare varje komponent av R) en rationell funktion som går mot 0 då $z \to \infty$. Vi påstår att polerna är enkla och rationella. Om $u \in \mathbb{C}^n$ och

$$(A - zI)u = f$$

145

så får vi nämligen, om vi multiplicerar den j:te ekvationen med $\bar{u}_j$ och adderar, att

$$\sum_{j,k=1}^{n} a_{jk} u_j \bar{u}_k - z||u||^2 = \sum f_j u_j, \quad \text{där} \quad ||u||^2 = \sum_j |u_j|^2.$$

Om vi tar imaginärdelen av båda sidor och använder Schwartz olikhet så får vi, eftersom summan i vänsterledet är reell, att

$$|\text{Im } z| \cdot ||u||^2 \le ||f|| \cdot ||u||$$

alltså, om Im $z \ne 0$, att

$$||u|| \le \frac{||f||}{|\text{Im } z|}.$$

Med beteckningen $R(z)$ innebär detta att

$$||R(z)f|| \le \frac{||f||}{|\text{Im } z|}, \quad \text{Im } z \ne 0,$$

och att R saknar singulariteter utanför reella axeln. Om $\lambda \in \mathbb{R}$ är en pol så får vi då y är reellt

$$\lim_{y \to 0} ||R(\lambda + iy)yf|| \le ||f||,$$

så polen är enkel. Alltså är

$$R(z) = \sum_j \frac{P_j}{\lambda_j - z} \quad \text{där } P_j = \lim_{z \to \lambda_j} R(z)(\lambda_j - z)$$

är reell och symmetrisk eftersom vi kan låta z gå mot λ_j genom reella värden. Nu har vi att

$$I = (A - zI)R(z) = \sum_j \frac{(A - \lambda_j I)P_j}{\lambda_j - z} + \sum_j P_j$$

vilket visar att

$$\sum_j P_j = I, \qquad AP_j = \lambda_j P_j.$$

Om $x \in \mathbb{R}^n$ får vi därför att

$$x = \sum x_j$$

där $x_j = P_j x$ är en egenvektor till A med egenvärdet λ_j,

$$Ax_j = \lambda_j x_j.$$

Egenvektorer som hör till olika egenvärden är ortogonala, för om $Ay = \lambda y$ och $Az = \mu z$ så får vi

$$(\lambda - \mu)(y,z) = (Ay,z) - (y,Az) = 0,$$

alltså $(y,z) = 0$ om $\lambda \neq \mu$. Om vi för varje j väljer en ortogonal bas i värderummet för P_j så får vi därför en ortogonal bas för $\mathbb{R}^n$ som består av egenvektorer.

Spektralsatsen för Sturm-Liouvilleoperatorn

Föregående argument bygger bara på att en rationell funktion har en partialbråksuppdelning. Man kan efter samma mönster studera operatorer i rum av oändlig dimension. Skillnaden är att man då stöter på allmännare analytiska funktioner. Vi skall exemplifiera detta i ett enkelt fall, nämligen Sturm-Liouvilleoperatorn

$$u \to -u'' + pu$$

där u är en C^2 funktion (dvs $u \in C^1$ och $u' \in C^1$) med $u(0) = u(1) = 0$ och p är en given kontinuerlig reellvärd funktion i $[0,1]$. I analogi med bildningen av resolventen vill vi undersöka för givet $f \in C([0,1])$ när ekvationen

(C.1) $$-u'' + pu - zu = f$$

har en lösning $u \in C^2([0,1])$ med

(C.2) $$u(0) = u(1) = 0.$$

Först observerar vi att enligt de grundläggande satserna om ordinära differentialekvationer så finns en och endast en lösning till Cauchyproblemet

(C.3) $$-U'' + pU - zU = f, \qquad U(0) = U'(0) = 0,$$

och likaså till problemet

(C.4) $$-V'' + pV - zV = 0, \qquad V(0) = 0, \quad V'(0) = 5.$$

U och V beror differentierbart på z, och derivationen $\partial/\partial\bar{z}$ använd på ekvationera medför med beteckningen $D = \partial V/\partial\bar{z}$ eller $D = \partial U/\partial\bar{z}$

$$-D'' + pD - zD = 0, \quad D(0) = D'(0) = 0.$$

Detta medför att $D = 0$, så U och V är analytiska funktioner av z. Varje lösning u till (C.1) med $u(0) = 0$ kan skrivas $u = U + aV$ där $a = u'(0)$. Om $V(1,z) \neq 0$ ger villkoret $u(1) = 0$ att $a = -U(1,z)/V(1,z)$, så (C.1), (C.2) har då en och endast en lösning

$$u(x,z) = U(x,z) - \frac{U(1,z)V(x,z)}{V(1,z)}.$$

Detta är en meromorf funktion, för vi kan visa att $V(1,z)$ inte är identiskt noll. Multiplikation av (C.4) med $\bar{V}$ och integration ger nämligen

$$\int_0^1 (|V'|^2 + (p-z)|V|^2)dx = V_x'(1,z)\overline{V(1,z)},$$

alltså

(C.5) $\mathrm{Im}\, z \int_0^1 |V(x,z)|^2 dx = -\,\mathrm{Im}\, V_x'(1,z)\overline{V(1,z)}.$

Eftersom $dV(x,z)/dz = 1$ då $x = 0$ kan integralen i vänsterledet aldrig bli 0, så $V(1,z)$ kan bara ha nollställen på reella axeln och de måste vara enkla. Om λ är ett sådant nollställe så är $V_x'(1,\lambda) \neq 0$, och om vi multiplicerar (C.3) med $V(x,\lambda)$ och integrerar så får vi med hjälp av att $V(1,\lambda) = 0$

$$\int_0^1 f(x)V(x,\lambda)dx = \int_0^1 (-U''(x,\lambda) + pU(x,\lambda) - U(x,\lambda))V(x,\lambda)dx$$

$$= U(1,\lambda)V_x'(1,\lambda).$$

Vi sätter $V(1,\lambda+z) = az + O(|z|^2)$ och observerar att a är reell. Det följer då av (C.5) att

$$aV_x'(1,\lambda) = \int_0^1 V(x,\lambda)^2 dx,$$

vilket betyder att residyn av $z \to u(x,z)$ då $z = \lambda$ är

$$-U(1,\lambda)V(x,\lambda)/a = -\frac{U(1,\lambda)V_x'(1,\lambda)V(x,\lambda)}{aV_x'(1,\lambda)} =$$

$$= -V(x,\lambda) \frac{\int_0^1 f(y)V(y,\lambda)dy}{\int_0^1 V(y,\lambda)^2 dy}.$$

Låt λ_j vara nollställena till $V(1,\lambda)$ och sätt

$$u_j(x) = \frac{V(x,\lambda_j)}{\sqrt{\int_0^1 V(y,\lambda_j)dy}}.$$

Då är $\int_0^1 u_j(x)^2 dx = 1$ och

$$-u_j'' + (p - \lambda_j)u_j = 0, \quad u_j(0) = u_j(1) = 0,$$

så u_j är en normerad *egenfunktion* till operatorn (C.1) med egenvärdet λ_j. (Observera att u_j är reell.) Som i fallet av en matris får vi

$$\int_0^1 u_j u_k dx = 0 \quad \text{om} \quad j \neq k$$

genom att multiplicera med $\lambda_j - \lambda_k$ och använda att både u_j och u_k är egenfunktioner. Nära λ_j har $u(x,z)$ singulariteten

$$\frac{u_j(x)f_j}{\lambda_j - z}, \quad f_j = \int_0^1 f(y)u_j(y)dy,$$

och vi skall visa att utom i punkterna λ_j gäller att

(C.6)
$$u(x,z) = \sum_j \frac{u_j(x)f_j}{\lambda_j - z}.$$

Genom att låta $z \to \infty$ längs imaginära axeln skall vi sedan då $f \in C^2$ och $f(0) = f(1) = 0$ härav dra slutsatsen att med likformig konvergens

(C.7)
$$f(x) = \sum_j f_j u_j(x), \quad f_j = \int_0^1 f(y)u_j(y)dy,$$

alltså att f kan utvecklas i en likformigt konvergent serie av egenfunktioner. (Formeln för koefficienterna f_j följer naturligtvis genast på grund av ortogonaliteten om vi multiplicerar serien (C.7) med u_j och integrerar.)

Om λ är ett egenvärde så ger multiplikation av (C.4) med V och integration

$$\int (V'(x,\lambda)^2 + (p(x) - \lambda)V(x,\lambda)^2)dx = 0,$$

vilket visar att $\lambda > \min p$. Vi kan därför ordna egenvärdena i en växande följd

$$\min p < \lambda_1 < \lambda_2 < \ldots < \lambda_n < \ldots$$

Vi skall nu uppskatta egenvärdena genom att visa att alla λ_j växer om p växer.

Lemma C.1 Om $p_t(x)$ beror kontinuerligt deriverbart på en parameter $t \in [0,1]$ och $\partial p_t / \partial t \geq 0$, så är λ_j en växande funktion av t.

Bevis. Lösningen $V(x, \lambda, t)$ till (C.4) är nu en C^1 funktion av λ och t. Eftersom $V(x, \lambda_0, t_0) = 0$ medför att $\partial V(1, \lambda_0, t)/\partial \lambda_0 \neq 0$ så bestämmer ekvationen $V(1, \lambda, t) = 0$ en deriverbar funktion $\lambda(t)$ nära t_0 med $\lambda(t_0) = \lambda_0$. Derivation av ekvationen

$$-V'' + p_t V - \lambda(t)V = 0, \quad V(0) = 0, \quad V(1, \lambda(t), t) = 0$$

med avseende på t ger, om $W = \partial V(x, \lambda(t), t)/\partial t$ och $q = \partial p_t/\partial t$, att

$$-W'' + p_t W - \lambda W + (q - \lambda'(t))V = 0, \quad W(0) = W(1) = 0.$$

Om vi multiplicerar med $V(1, \lambda(t), t)$ och integrerar så får vi nu

$$\int_0^1 (q - \lambda'(t))V^2 dx = 0, \quad \text{alltså} \quad \lambda'(t) = \frac{\int_0^1 qV^2 dx}{\int_0^1 V^2 dx} \geq 0,$$

vilket bevisar lemmat. $\square$

Nu kan vi få uppskattningar av λ_j uppåt och nedåt genom att ersätta p med $\max p$ eller $\min p$. Vi kan nämligen tillämpa lemmat på $p_t = tp + (1 - t) \min p$ eller $t \max p + (1 - t)p$. För att bestäma egenvärdena då p är konstant räcker det att betrakta fallet $p = 0$, alltså bestämma egenvärdena till

$$u'' + \lambda u = 0, \quad u(0) = u(1) = 0.$$

Ekvationen och villkoret i 0 ger $u(x) = C\sin(x\sqrt{\lambda})$, alltså $\sqrt{\lambda} = j\pi$ med heltal j eftersom $u(1) = 0$. Vi får att

$$\lambda = j^2\pi^2, \quad j = 1, 2, \ldots$$

I det allmänna fallet följer nu att

(C.8) $$j^2\pi^2 + \min p \leq \lambda_j \leq j^2\pi^2 + \max p.$$

Vi skall nu uppskatta $u(x,z)$ då z är på betryggande avstånd från egenvärdena. Återigen är det lämpligt att först behandla fallet $p = 0$ explicit, alltså lösa randvärdesproblemet

(C.9) $$-u'' - zu = f, \quad u(0) = u(1) = 0.$$

Låt $z = \zeta^2$ där ζ väljs med $\operatorname{Im}\zeta \geq 0$. Lösningarna till differentialekvationen med $f = 0$ är lineärkombinationer av $e^{\pm i\zeta x}$, så

$$G(z,y,\zeta^2) = \frac{i}{2}(e^{i\zeta|x-y|} - a_+(y)e^{i\zeta x} - a_-(y)e^{-i\zeta x}),$$

uppfyller den homogena differentialekvationen för $x \neq y$ som funktion av x. Vidare är G kontinuerlig då $x = y$ medan dG/dx har språnget -1, och $G = 0$ då $x = 0$ eller $x = 1$ om

$$a_+ + a_- = e^{i\zeta y}, \qquad a_+e^{i\zeta} + a_-e^{-i\zeta} = e^{i\zeta(1-y)}.$$

Lösningen till detta ekvationssystem är

$$a_+(e^{i\zeta} - e^{-i\zeta}) = e^{i\zeta(1-y)} - e^{i\zeta(y-1)}, \qquad a_-(e^{i\zeta} - e^{-i\zeta}) = e^{i\zeta y} - e^{-i\zeta y}.$$

För fixt $\delta > 0$ har vi att

$$|e^{i\zeta}| + |e^{-i\zeta}| \leq C_\delta|e^{i\zeta} - e^{-i\zeta}|$$

om $\zeta \in \Omega_\delta = \{\zeta;\ \operatorname{Im} z \geq 0,\ |\zeta - j\pi| \geq \delta \text{ för alla heltal } j\}$. Båda sidor är nämligen priodiska med perioden π så det räcker att verifiera olikheten då $|\operatorname{Re}\zeta| \leq \pi/2$ och $|\zeta| \geq \delta$. Då är kvoten mellan de två leden kontinuerlig och går mot 1 i oändligheten vilket visar påståendet. Det följer nu att $a_+(y)$ och $a_-(y)e^{-i\zeta}$ har fixa begränsningar, varav

(C.10) $$|G(x,y,\zeta^2)| \leq \frac{C'_\delta}{|\zeta|}, \quad \zeta \in \Omega_\delta.$$

Insättning av a_+ och a_- i definitionen av G visar att

$$G(x,y,z) = G(y,x,z),$$

så G har samma egenskaper som funktion av y som vi har observerat för G som funktion av x. Lösningen till (C.9) ges därför av

$$u(x) = \int_0^1 G(x,y,z)f(y)dy$$

vilket följer om vi sätter in $f = -u'' - zu$ och integrerar partiellt två gånger med hänslyn till att G är kontinuerlig medan dG/dy har ett språng då $y = x$. Med hjälp av (C.10) får vi därför att
(C.11)

$$|u(x,\zeta^2)| \leq C'_\delta|\zeta|^{-1}||f||, \quad \zeta \in \Omega_\delta, \quad \text{där } ||f||^2 = \int_0^1 f(x)^2 dx.$$

Om vi nu återgår till lösningen av (C.1), (C.2) så får vi genom att flytta över termen pu i (C.1)

$$-u'' - zu = f - pu,$$

alltså enligt (C.11), om $|p| \leq M$, att

$$\max_x |u(x,\zeta^2)| \leq C'_\delta|\zeta|^{-1}(||f|| + M\max_x |u(x,\zeta^2)|), \quad \zeta \in \Omega_\delta.$$

Om $|\zeta|$ är så stor att $MC'_\delta/|\zeta| < 1/2$ så kan vi flytta över den sista termen i vänsterledet och får att

(C.12) $$\max_x |u(x,\zeta^2)| \leq 2C'_\delta|\zeta|^{-1}||f||, \quad |\zeta| > C', \quad \zeta \in \Omega_\delta.$$

Speciellt kan vi tillämpa (C.12) då $u = u_j$ är en egenfunktion med egenvärdet λ_j och $f = (\lambda_j - z)u$. Detta ger

$$\max_x |u_j(x)| \leq 2C'_\delta|\zeta|^{-1}|\lambda_j - \zeta^2|, \quad |\zeta| > C', \quad \zeta \in \Omega_\delta.$$

Vi tar $\zeta = (j + \frac{1}{2})\pi$ och får enligt (C.8)

$$|\zeta^2 - \lambda_j| \leq \pi^2(j^2 + j + \frac{1}{4} - j^2) + M = \pi^2(j + \frac{1}{4}) + M,$$

alltså med en konstant C'' som inte beror på j

(C.13) $$\max |u_j(x)| \leq C''.$$

(C.8) och (C.13) tillsammans medför konvergens av serien (C.6). För att bevisa (C.6) låter vi Γ_j vara cirkeln $|z| = \pi^2(j + \frac{1}{2})^2$ som svarar mot $|\zeta| = \pi(j + \frac{1}{2})$. På denna har vi om j är stor

$$|u(x,z)| \leq C_3|z|^{-1/2}||f||.$$

Enligt Cauchys integralformel är

$$u(x,z) - \sum_{\lambda_j < \pi^2(j+\frac{1}{2})^2} \frac{f_j u_j(x)}{\lambda_j - z} = \frac{1}{2\pi i} \int_{\Gamma_j} \frac{u(x,w)dw}{w - z}$$

(se beviset för sats 5.18). För fixt z och stort j kan vi uppskatta integralen med $C_4 j^{-1/2} \|f\| \to 0$ då $j \to \infty$. Därmed har vi bevisat (C.6).

Låt oss nu anta att $f \in C^2$ och att $f(0) = f(1) = 0$. Då är

$$\lambda_j f_j = \lambda_j \int_0^1 f(x) u_j(x) dx = \int_0^1 f(-u_j'' + p u_j) dx = \int_0^1 (-f'' + pf) u_j dx$$

en begränsad följd, alltså $|f_j| = O(j^{-2})$. Serien (C.7) är därför likformigt konvergent, och

(C.14) $$\sum_j f_j u_j(x) = \lim_{y \to \infty} -iyu(x, iy)$$

eftersom $iy/(iy - \lambda_j) = 1/(1 + i\lambda_j/y) \to 1$ då $j \to \infty$ och absolutbeloppet alltid är ≤ 1. För att bestämma gränsvärdet sätter vi

$$u(x, iy) = \frac{f}{iy} + v$$

i (C.1), (C.2). Då är $v(0) = v(1) = 0$ och

$$-v'' + pv - iyv = (-f'' + pf)/iy$$

så en tillämpning av (C.12) ger

$$\sup_x |v(x)| \leq Cy^{-3/2}.$$

Gränsvärdet i (C.14) är därför $f(x)$, vilket bevisar (C.7). Vi sammanfattar:

Sats C.1

Det finns en följd λ_j som uppfyller (C.8) och reellvärda funktioner u_j med

$$-u_j'' + p u_j = \lambda_j u_j, \quad u_j(0) = u_j(1) = 0,$$

$$\int_0^1 u_j^2 dx = 1, \quad \int_0^1 u_j u_k dx = 0 \text{ då } j \neq k,$$

så att varje $f \in C^2([0, 1])$ med $f(0) = f(1) = 0$ kan utvecklas i en likformigt konvergent serie

$$f(x) = \sum_1^\infty f_j u_j(x), \qquad f_j = \int_0^1 f(x) u_j(x) dx.$$

Newtons interpolationsformel

Newtons interpolationsformel ger för funktioner av en reell variabel en snabb metod att bestämma ett interpolerande polynom i form av dividerade differenser. I den här bilagan ska vi bestämma en motsvarande formel som interpolerar analytiska funktioner.

Låt Ω vara ett öppet område i $\mathbb{C}$ och låt $z_1, \ldots, z_m \in \Omega$. Vi skall studera interpolationsproblemet att för en given analytisk funktion $f \in A(\Omega)$ finna ett polynom r av grad $m - 1$ som överensstämmer med f i dessa punkter. Sätt

$$p(z) = \prod_1^m (z - z_j).$$

Problemet är då löst om vi kan finna en analytisk funktion q i Ω och ett polynom r av grad $< m$ så att

(D.1) $$f(z) = q(z)p(z) + r(z).$$

Detta problem har också god mening om p har multipla rötter. Villkoret (D.1) betyder då att r skall ha samma derivator som p av ordning lägre än rotens multiplicitet. Antag först att vi har en uppdelning (D.1). Då är

$$\frac{f(z)}{p(z)} = q(z) + \frac{r(z)}{p(z)}.$$

Om $\omega \subset\subset \Omega$ har C^1 rand och ω innehåller ζ och alla punkter z_j så får vi

(D.2) $$\frac{1}{2\pi i} \int_{\partial \omega} \frac{f(z)dz}{p(z)(z - \zeta)} = q(\zeta) + \frac{1}{2\pi i} \int_{\partial \omega} \frac{r(z)dz}{p(z)(z - \zeta)}.$$

155

I den sista integralen kan vi ersätta $\partial\omega$ med randen av en stor cirkel-skiva $\{z;\ |z| < R\}$ som har $\overline{\omega}$ i sitt inre, för integranden är analytisk utanför $\overline{\omega}$. Som i beviset för algebrans fundamentalsats har vi att

$$\frac{r(z)}{p(z)(z-\zeta)} = O(|z|^{-2}), \quad z \to \infty,$$

eftersom nämnarens gradtal är två enheter högre än täljarens. Inte-gralen över cirkeln är alltså $O(2\pi R/R^2) \to 0$ då $R \to \infty$, varför (D.2) ger att

(D.3) $$q(\zeta) = \frac{1}{2\pi i} \int_{\partial\omega} \frac{f(z)dz}{p(z)(z-\zeta)}.$$

Definiera nu i stället q genom (D.3) då $\omega \subset\subset \Omega$ har C^1 rand och ζ samt alla z_j tillhör ω. Integralen är en analytisk funktion i ω och den är enligt Cauchys integralformel oeberoende av valet av ω. Vi får alltså av (D.3) en entydigt definierad analytisk funktion i Ω, och eftersom

$$f(\zeta) = \frac{1}{2\pi i} \int_{\partial\omega} \frac{f(z)dz}{z-\zeta}, \quad \zeta \in \omega,$$

så gäller (D.1) med

(D.4) $$r(\zeta) = \frac{1}{2\pi i} \int_{\partial\omega} \frac{p(z) - p(\zeta)}{z-\zeta} \frac{f(z)}{p(z)} dz.$$

Här är emellertid $(p(z) - p(\zeta))/(z-\zeta)$ ett polynom av graden $m-1$ i båda variablerna, varför r är ett polynom av graden $m-1$. Interpolationsproblemet har alltså en och endast en lösning.

Explicit har vi

$$\frac{p(z) - p(\zeta)}{z-\zeta} = \frac{\prod(z - z_j) - \prod(\zeta - z_j)}{z - \zeta} =$$

$$\frac{1}{z-\zeta} \sum_1^m \left[\prod_{j<k}(\zeta - z_j) \prod_{j\geq k}(z - z_j) - \prod_{j\leq k}(\zeta - z_j) \prod_{j>k}(z - z_j) \right]$$

$$= \sum_1^m \prod_{j<k}(\zeta - z_j) \prod_{j>k}(z - z_j).$$

Alltså är

(D.5) $$r(\zeta) = \sum_{k=1}^m \prod_{j<k}(\zeta - z_j) f(z_1, \ldots, z_k)$$

där med ett område $\omega \subset\subset \Omega$ med $\partial\omega \in C^1$ och $z_1,\ldots,z_k$

(D.6) $$f(z_1,\ldots,z_k) = \frac{1}{2\pi i}\int_{\partial\omega}\prod_{j\leq k}\frac{f(z)dz}{z-z_j}.$$

För $k=1$ blir detta lika med $f(z_1)$ så beteckningen innebär ingen motsägelse. Observera att delsummorna av (D.5) löser interpolations-problemet för punkterna $z_1,\ldots,z_k$. För $k>1$ har vi om $z_{k-1}\neq z_k$

$$f(z_1,\ldots,z_k) = \frac{f(z_1,\ldots,z_{k-1}) - f(z_1,\ldots,z_{k-2},z_k)}{z_{k-1}-z_k}.$$

Man kallar därför $f(z_1,\ldots,z_k)$ för de dividerade differenserna av f i punkterna $z_1,\ldots,z_k$. Observera att de är symmetriska vid permuta-tioner av argumenten. Vi kan skriva (D.1) i formen

$$f(z) = \sum_1^m (z-z_1)\ldots(z-z_{k-1})f(z_1,\ldots,z_k)+$$

$$\prod_1^m (z-z_j)f(z_1,\ldots,z_m,z)$$

för enligt (D.3) är även q en dividerad differens.

För att studera vad som händer då $m\to\infty$ antar vi att vi har en följd av punkter $z_1,z_2,\ldots$ som tillhör en konvex kompakt delmängd K av Ω med avstånd $\geq R$ till $\partial\Omega$. Antag vidare att $|f|\leq M$ i Ω. Vi tar för ω i (D.6) mängden av punkter på avstånd $< r < R$ från K. Detta är en konvex mängd och båglängden av $\partial\omega$ är $2\pi r + |\partial K|$ som man genast ser på en figur. Nu får vi av (D.6) att

$$|f(z_1,\ldots,z_k)| \leq Mr^{-k}(2\pi r + |\partial K|)/2\pi,$$

och om vi låter $r\to R$ följer att

(D.7) $$|f(z_1,\ldots,z_k)| \leq MR^{1-k}(1 + |\partial K|/2\pi R).$$

Om alla punkter sammanfaller så är

$$f(z_1,\ldots,z_1) = f^{(k-1)}(z_1)/(k-1)!$$

och (D.7) reducerar sig till Cauchys olikheter (5.12). Om $\zeta\in\Omega$ och har avstånd $\leq \rho < R$ från K så kan vi uppskatta $f(z_1,\ldots,z_k,\zeta)$ på samma sätt om $\rho < r < R$, bortsett från att $|z-\zeta|^{-1}$ måste uppskattas med $(r-\rho)^{-1}$ då $z\in\partial\omega$. Vi får alltså

(D.8) $$|f(z_1,\ldots,z_k,\zeta)| \leq MR^{1-k}(R-\rho)^{-1}(1 + |\partial K|/2\pi R).$$

Alltså är

$$\left|\prod_1^k(\zeta - z_j)\right| \cdot |f(z_1, \ldots, z_k, \zeta)| \le$$

$$M\prod_1^k(|\zeta - z_j|/R)R(R - \rho)^{-1}(1 + |\partial K|/2\pi R).$$

Om vi har

$$\sup_{z \in K} |\zeta - z| < R$$

så konvergerar detta mot 0 då $k \to \infty$. Vi har därmed bevisat

---

Sats D.1

Om K är en konvex kompakt mängd och $f \in A(\Omega)$ där

$$\Omega = \{z \in \mathbb{C}; \ |z - w| < R \text{ för något } w \in K\}$$

så gäller Newtons interpolationsformel

(D.9) $$f(z) = \sum_1^\infty (z - z_1) \ldots (z - z_{k-1}) f(z_1, \ldots, z_k)$$

för alla z i den eventuellt tomma mängden

$$\Omega_1 = \{z; \ |z - w| < R \text{ för varje } w \in K\}.$$

Serien konvergerar absolut och likformigt på kompakta delmängder av Ω_1.

Bevis. Om vi ersätter R med ett mindre tal R' så blir f även begränsad i det minskade området Ω, och satsen följer då genast av föregående diskussion. Absolutkonvergensen är en konsekvens av (D.7). $\qquad\qquad \square$

Wiener-Hopfs faktorisering

Introduktion

Vi ska här diskuter en typ av integralekvationer som kan lösas med en kombination av Fourieranalys och analytisk funktionsteori. Exemplet som ska diskuteras kommer från en fysikalisk tillämpning, men vi avstår från en systematisk presentation eftersom i praktiken många varianter förekommer.

Teorin för strålningstransport leder i fallet av ett halvrum i strålningsjämvikt till integralekvationen (Milnes ekvation)

$$(E.1) \qquad f(x) = \int_0^\infty K(x-y)f(y)dy, \ x > 0,$$

där f är strålningstätheten och

$$(E.2) \qquad K(x) = \int_1^\infty \frac{e^{-|x|t}}{2t}dt = \int_{|x|}^\infty \frac{e^{-t}}{2t}dt.$$

Från början har man en integralekvation i $\mathbb{R}^3$ men då man antar att strålningstätheten bara beror på avståndet till begränsningsplanet kan man integrera bort två av dem. Funktionen K uppkommer genom integration av $e^{-|x|}/(4\pi|x|^2)$, $x = (x_1, x_2, x_3)$ med avseende på x_2 och x_3. För närmare diskussion hänvisas till E. Hopf, *Mathematical problems of radiative transfer*, Cambridge Tracts 31 (1934).

Ett enkelt exempel som illustration

Som en enklare illustration på Wiener-Hopfs metod betraktar vi först integralekvationen

$$f(x) = \frac{1}{2} \int_0^\infty e^{-|x-y|} f(y) dy, \quad x \geq 0.$$

Denna kan vi lösa direkt genom att skriva om den som

$$2f(x) = e^{-x} \int_0^x e^y f(y) dy + e^x \int_x^\infty e^{-y} f(y) dy$$

och derivera denna ekvation två gånger för att få att $f''(x) = 0$. Vidare är $f(0) = f'(0) = \frac{1}{2} \int_0^\infty e^{-y} f(y) dy$, så det följer att den allmänna lösningen till integralekvationen är $C(1 + x)$ där C är en godtycklig konstant.

För att få en ekvation på hela den reella axeln sätter vi $f(x) = 0$ då $x < 0$ och inför $k(x) = \frac{1}{2} e^{-|x|}$. Vi ska då hitta en lösning till faltningsekvationen $f(x) = (k * f)(x)$ för $x \geq 0$. Det är uppenbarligen meningslöst att leta efter lösningar som går mot noll då $x \to \infty$, men integralerna konvergerar om

$$|f(x)| \leq Ce^{ax} \quad \text{där } a < 1,$$

så vi söker lösningar som uppfyller detta villkor.

Om vi nu inför

$$g(x) = \begin{cases} -(k * f)(x) & \text{om } x < 0 \\ 0 & \text{om } x \geq 0 \end{cases}$$

så får vi en integralekvation på hela den reella axeln:

$$k * f = f - g.$$

Det är nu frestande att ta Fourier-transformen på båda sidor här och få

$$(1 - \hat{k}(\zeta))\hat{f} = \hat{g}(\zeta),$$

men här har vi ett potentiellt konvergensproblem. För att hantera dessa noterar vi att

$$\hat{k}(\zeta) = \frac{1}{2} \int_{-\infty}^\infty e^{-|x|} e^{ix\zeta} dx = \frac{1}{2} \left[\frac{1}{1 + i\zeta} + \frac{1}{1 - i\zeta} \right] = \frac{1}{1 + \zeta^2}$$

är analytisk i strimlan $|\operatorname{Im}\zeta| < 1$. Vidare är

$$\hat{f}(\zeta) = \int_0^\infty f(x)e^{-ix\zeta}dx$$

analytisk i halvplanet $\operatorname{Im}\zeta < -a$ enligt antagandet på f, medan

$$\hat{g}(\zeta) = \int_{-\infty}^0 g(x)e^{-ix\zeta}dx$$

är analytisk i halvplanet $\operatorname{Im}\zeta > -1$ eftersom vi har begränsningen

$$|g(x)| \leq \left|\frac{e^x}{2}\int_0^\infty e^{-y}f(y)dy\right| \leq Ce^x \quad \text{då } x < 0.$$

Om vi därför tar ζ sådant att $-1 < \operatorname{Im}\zeta < -a$ så gäller att $\widehat{k*f}(\zeta) = \hat{k}(\zeta)\hat{f}(\zeta)$, så i denna strimla gäller att

$$(1 - \hat{k}(\zeta))\hat{f}(\zeta) = \hat{g}(\zeta).$$

Här är endast $\hat{k}$ känd, men med Wiener-Hopfs metod kan man ändå bestämma både $\hat{f}$ och $\hat{g}$ tack vare att man känner halvplan där de är analytiska och begränsade.

Metoden består av att man skriver $1 - \hat{k}(\zeta)$ som produkten av en faktor som är analytisk då $\operatorname{Im}\zeta > -1$ och en som är analytisk då $\operatorname{Im}\zeta < 1$ och sedan samlar faktorer med samma analyticitetsområde på samma sida av ekvationen ovan. Vi har att

$$1 - \hat{k}(\zeta) = \frac{\zeta^2}{1 + \zeta^2} = \frac{\zeta^2}{\zeta + i} \cdot \frac{1}{\zeta - i}.$$

Vi får då att relationen

$$\frac{\zeta^2}{\zeta + i}\hat{f}(\zeta) = (\zeta - i)\hat{g}(\zeta)$$

definierar en funktion som analytisk i hela det komplexa talplanet. Detta därför att vänsterledet är analytisk då $\operatorname{Im}\zeta < -a$ medan högerledet är analytisk då $\operatorname{Im}\zeta > -1$ och de två leden är lika i strimlan $-1 < \operatorname{Im}\zeta < -a$.

Vidare har vi följande uppskattningar för absolutbeloppet av denna funktion. Vi skriver $a = 1 - \delta$. I $\operatorname{Im}\zeta > -(1 - \delta/3)$ begränsas funktionen av en konstant multipel av

$$(|\zeta| + 1)\int_{-\infty}^0 e^{-(\operatorname{Im}\zeta)x}e^x dx = \frac{|\zeta| + 1}{1 - \zeta} \leq \frac{3}{\delta}(|\zeta| + 1),$$

vilket vi ser genom att titta på högerledet, medan då $\text{Im}\,\zeta < -(1 - 2\delta/3)$ begränsas funktionen av

$$|\zeta| \int_0^\infty e^{-(\text{Im}\,\zeta)x}e^{ax} = \frac{|\zeta|}{\zeta - a} \leq \frac{3}{\delta}|\zeta|.$$

Vi har alltså att den hela funktionen till sitt absolutbelopp är begränad av en linjär funktion av $|\zeta|$, vilket enligt Liouvilles sats (Sats 5.11) betyder att den är ett polynom av grad högst ett. Men gradtalet är faktiskt noll, vilket vi ser genom att titta på funktionen på den imaginära axeln.

Men det betyder att $\zeta^2(\zeta - i)\hat{f}$ är en konstant i strimlan $-1 < \text{Im}\,\zeta < -a$. Vi kan ta denna som i för att få

$$\hat{f}(\zeta) = \frac{i\zeta - 1}{\zeta^2}.$$

Vidare är

$$\hat{f}(\xi + i\eta) = \int_{-\infty}^\infty (f(x)e^{-\eta x}e^{ix\xi}d\xi$$

så Fouriers inversionsformel ger att

$$f(x)e^{-\eta x} = \frac{1}{2\pi} \int_{-\infty}^\infty \frac{i(\xi + i\eta) - 1}{(\xi + i\eta)^2}e^{-ix\xi}d\xi.$$

Integralen existerar i L^2-mening och kan beräknas genom att integrera längs en stor halvcirkel i det övre (nedre) halvplanet då $x > 0$ ($x < 0$) och använda Cauchys integralforml. För $x > 0$ får vi att

$$f(x)e^{-\eta x} = (1 + x)e^{-\eta x},$$

så vi kan dra slutsatsen att $f(x) = C(1 + x)$ för någon konstant, Dessa är alltså de enda lösningarna till problemet som inte växer fortare än e^{ax} för $a < 1$.

Wiener-Hopfs metod

Observera att Vi ska nu se hur den ovan beskrivna metoden fungerar i det mer komplicerade fallet då K är definierad (E.2. Observera att

$$(E.3) \quad 0 \leq K(x) \leq \frac{e^{-|x|}}{2|x|} \quad \text{och} \quad K(x) \leq \frac{1}{2}(\frac{1}{e} + \log\frac{1}{|x|}), \; |x| < 1,$$

så K är en integrerbar funktion. Vi vill bestämma alla lösningar till (E.1) sådana att för något $a < 1$ är

(E.4) $$|f(x)| \leq Ce^{ax},$$

vilket medför att integralen (E.1) konvergerar. Liksom ovan sätter vi $f(x) = 0$ för $x < 0$ och skriver (E.1) i formen

(E.5) $$K * f = f - g$$

där

$$g(x) = \begin{cases} -(K * f)(x), & \text{då } x < 0. \\ 0 & \text{då } x > 0. \end{cases}$$

Av (E.3) och (E.4) får vi då $x < 0$ att

$$|g(x)| \leq C \int_0^\infty \frac{e^{ay-|x|-|y|}}{|x|} dy = C' \frac{e^{-|x|}}{|x|}$$

samt en begränsning då $|x| < 1$. Alltså existerar Fouriertransformer $\hat{K}(\zeta), \hat{f}(\zeta), \hat{g}(\zeta)$ som är analytiska då $-1 < \text{Im}\,\zeta < 1$, $\text{Im}\,\zeta < -a$ respektive $\text{Im}\,\zeta > -1$. Av (E.5) får vi i det gemensamma definitions-området att

(E.6) $$(1 - \hat{K}(\zeta))\hat{f}(\zeta) = \hat{g}(\zeta), \quad -1 < \text{Im}\,\zeta < -a.$$

Här är endast $\hat{K}$ känd, men med Wiener-Hopfs metod kan man ändå bestämma både $\hat{f}$ och $\hat{g}$ tack vare att man känner halvplan där de är analytiska och begränsade.

Metoden består av att man skriver $1 - \hat{K}(\zeta)$ som produkten av en faktor som är analytisk då $\text{Im}\,\zeta > -1$ och en som är analytisk då $\text{Im}\,\zeta < 1$ och sedan samlar faktorer med samma analyticitetsområde på samma sida av (E.6). För att genomföra detta beräknar vi först $\hat{K}(\zeta)$,

$$\hat{K}(\zeta) = \int_{-\infty}^\infty \int_1^\infty \frac{e^{-|x|t-ix\zeta}}{2t} dxdt = \int_1^\infty \left(\frac{1}{t + i\zeta} + \frac{1}{t - i\zeta} \right) \frac{dt}{2t} =$$

$$\int_1^\infty \frac{dt}{t^2 + \zeta^2}.$$

Innan vi beräknar integralen observerar vi att

$$\text{Im}\,\hat{K}(\zeta) = -\,\text{Im}\,\zeta^2 \int_1^\infty \frac{dt}{|t^2 + \zeta^2|^2} \neq 0 \quad \text{om } \text{Im}\,\zeta^2 \neq 0,$$

så punkter med $\hat{K}(\zeta) = 1$ kan bara finnas på axlarna. Eftersom $\hat{K}(0) = 1$ och $\hat{K}(\xi)$ avtar då $|\xi|$ växer och ξ är reell samt $\hat{K}(i\eta)$ växer då η är reell och $|\eta|$ växer från 0 till 1, så är det klart att enda nollstället till $1 - \hat{K}(\zeta)$ då $|\operatorname{Im}\zeta| < 1$ är $\zeta = 0$. Explicit har vi att

$$\hat{K}(\zeta) = \frac{1}{2i\zeta} \int_1^\infty (\frac{1}{t-i\zeta} - \frac{1}{t+i\zeta})dt = \frac{1}{2i\zeta} \log \frac{1+i\zeta}{1-i\zeta}$$

där logaritmen definieras som noll i origo, alltså

$$\hat{K}(\zeta) = \frac{1}{2i\zeta} \left(\log\left|\frac{1+i\zeta}{1-i\zeta}\right| + i \arg \frac{1+i\zeta}{1-i\zeta}\right)$$

med argumentet mellan $-\pi$ och π. Avbildningen

$$\zeta \mapsto \frac{1+i\zeta}{1-i\zeta} = w$$

avbildar nämligen bandet $|\operatorname{Im}\zeta| < 1$ på området mellan $\operatorname{Re}w = -1$ och $|w + \frac{1}{2}| = \frac{1}{2}$, reella axeln övergår i enhetscirkeln och $\operatorname{Re}\zeta \gtrless 0$ är ekvivalent med $\operatorname{Im}w \gtrless 0$. Observera att

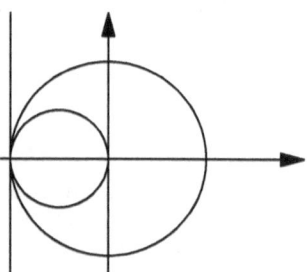

$$\hat{K}(\zeta) = \pm\frac{\pi}{2\zeta} + O(\zeta^{-2})$$

i bandet $|\operatorname{Im}\zeta| < 1$ då $\operatorname{Re}\zeta \to \pm\infty$. Nu bryter vi ut en faktor som svarar mot det dubbla nollstället till $1 - \hat{K}$ i origo,

$$1 - \hat{K}(\zeta) = \frac{\zeta^3}{3} + O(\zeta^4) \text{ då } \zeta \to 0,$$

och kompenserar dess uppförande i oändligheten med en faktor som har nollställen utanför bandet. Vi inför alltså

$$T(\eta) = \frac{(1 - \hat{K}(\zeta))(1 + \zeta^2)}{\zeta^2}.$$

Denna funktion är överallt $\neq 0$ i bandet, och

$$T(\zeta) = 1 \mp \frac{\pi}{2\zeta} + O(\zeta^{-2}) \text{ då } \operatorname{Re}\zeta \to \pm\infty.$$

Vidare är $T(\xi) > 0$ för reella ξ, så vi definierar $\log T$ entydigt genom att kräva att logaritmen ska vara reell då. Potensserieutvecklingar av log T kring punkter på reella axeln måste överensstämma i sina gemensamma definitionsområden och definierar tillsammans en funktion $\Phi = \log T$ som en analytisk funktion då $|\operatorname{Im}\zeta| < 1$ och är sådan att

$$\Phi(\zeta) = \mp\frac{\pi}{2\zeta} + O(\zeta^{-2}) \text{ då } \operatorname{Re}\zeta \to \pm\infty.$$

Bortsett från punkterna $\pm i$ är den begränsad och kontinuerlig även i det slutna bandet $|\operatorname{Im}\zeta| \leq 1$.

Precis som i beviset för Sats **??** kan vi dela upp Φ i skillnaden mellan två funktioner Φ_+ och Φ_- som är analytiska då $\operatorname{Im}z > -1$ respektive $\operatorname{Im}z < 1$,

$$\begin{cases} \Phi_+(z) = \dfrac{1}{2\pi i}\displaystyle\int_{ib_+ -\infty}^{ib_+ +\infty} \dfrac{\Phi(\zeta)}{\zeta - z}d\zeta & \text{då } -1 < b_+ < \min(1, \operatorname{Im}z), \\[3mm] \Phi_-(z) = \dfrac{1}{2\pi i}\displaystyle\int_{ib_- -\infty}^{ib_- +\infty} \dfrac{\Phi(\zeta)}{\zeta - z}d\zeta & \text{då } \max(-1, \operatorname{Im}z) < b_- < 1. \end{cases}$$

Om $|\operatorname{Im}z| < 1$ så får vi $\Phi(z) = \Phi_+(z) - \Phi_-(z)$ genom att tillämpa Cauchys integralformel på rektangeln $b_+ < \operatorname{Im}z < b_-$, $|\operatorname{Re}\zeta| < M$ och låta $M \to \infty$. Cauchys integralformel visar också på samma sätt att definitionen av Φ_+ och Φ_- är oberoende av valet av b_+ och b_-.

Lemma E.1 Funktionerna Φ_+ och Φ_- är analytiska då $\operatorname{Im}z > -1$ respektive $\operatorname{Im}z < 1$, och vi har i dessa områden att

$$|\Phi_\pm(z)| \leq \frac{C\log|z|}{|z|} \text{ då } |z| > 2.$$

Bevis. Vi har tidigare påpekat att

$$\Phi(\zeta) = \mp\frac{\pi}{2\zeta} + O\left(\frac{1}{\zeta^2}\right) \text{ då } \operatorname{Re}\zeta \to \pm\infty$$

förutsatt att $|\operatorname{Im}\zeta| < 1$. Av beviset ser man att detta också är sant i området på figuren förutsatt att begränsningslinjerna inte har för stor lutning. Om $\operatorname{Im}z > -1$ och $|z| > 2$ har vi att $|\zeta - z| > c|z|$ då $\zeta \in \Gamma_\pm$, och eftersom $\int_{\Gamma_\pm} |\zeta|^{-2}d\zeta$ konvergerar räcker det därför att undersöka integralerna

$$\mp\frac{\pi}{2}\int \frac{d\zeta}{\zeta(\zeta - z)}.$$

Men dessa kan vi beräkna explicit med resultatet $(\pi \log(z + i) + C)/z$, vilket bevisar lemma för Φ_+. Uppskattningen för Φ_- är helt analog. $\qquad\square$

Vi återgår nu till (E.6) som vi skriver i formen

$$e^{\Phi_+(\zeta)-\Phi_-(\zeta)}\frac{\zeta^2 \hat{f}(\zeta)}{1 + \zeta^2} = \hat{g}(\zeta), \quad -1 < \mathrm{Im}\,\zeta < -a,$$

eller, efter omflyttning av faktorerna

(E.7) $\qquad e^{-\Phi_-(\zeta)}\zeta^2(\zeta - i)^{-1}\hat{f}(\zeta) = \hat{g}(\zeta)e^{-\Phi_+(\zeta)}(\zeta + i),.$

då $-1 < \mathrm{Im}\,\zeta < -a$. I vänsterledet har vi en funktion som är analytisk då $\mathrm{Im}\,\zeta < -a$ och i högerledet en funktion som är analytisk då $\mathrm{Im}\,\zeta > -1$. Tillsammans definierar de två sidorna därför en analytisk funktion G i hela $\mathbb{C}$ med $|G(z)| \leq C(1 + |z|)$. Enligt Liouvilles sats måste G vara ett polynom av första graden. Nu har vi

$$\hat{f}(i\eta) = \int_0^\infty f(x)e^{x\eta}d\eta \to 0 \text{ då } \eta \to -\infty$$

så $G(i\eta) = o(|\eta|)$ då $\eta \to -\infty$. Alltså är G en konstant och vi får

(E.8) $\qquad \hat{f}(\zeta) = C(\zeta - i)\zeta^{-2}e^{\Phi_-(\zeta)}, \ \mathrm{Im}\,\zeta < -a,$

(E.9) $\qquad \hat{g}(\zeta) = C(\zeta + i)\zeta^{-2}e^{\Phi_+(\zeta)}, \ \mathrm{Im}\,\zeta > -1,$

Låt oss nu undersöka om det verkligen finns en funktion f som uppfyller (E.4) och har Fouriertransformen (E.8). Vi kan därvid anta att $C = 1$. Enligt Lemma E.1 har vi

$$F(\zeta) = (\zeta - i)\zeta^{-2}e^{\Phi_-(\zeta)} = \zeta^{-1} + O(\frac{\log|\zeta|}{|\zeta|^2}).$$

Eftersom ζ^{-1} är Fouriertransformen av funktionen som är i på positiva reella axeln och 0 på negativa axeln så följer av sats 8.1 (eller snarare dess bevis) att en funktion f med $\hat{f} = F$ existera, nämligen (E.10)

$$f(x) = i + \frac{1}{2\pi}\int_{i\eta-\infty}^{i\eta+\eta}(F(\zeta) - \frac{1}{\zeta})e^{ix\zeta}d\zeta, \quad -1 < \eta < -a, \ x > 0.$$

Enligt Cauchys integralformel kan vi ta η mellan 0 och 1 här om vi tar hänsyn till residyn i origo. Denna är lika med residyn för

$$(\zeta - i)\zeta^{-2}e^{\Phi_-(0)}(1 + \Phi'_-(0)\zeta)(1 + ix\zeta) - \frac{1}{\zeta}$$

och är alltså

$$e^{\Phi_-(0)}(1 - i\Phi'_-(0) + x) - 1.$$

Resultatet blir att då $0 < \eta < 1$ är $f(x)$ lika med

(E.11) $$ie^{\Phi_-(0)}(1 - i\Phi'_-(0) + x) + \frac{1}{2\pi}\int_{i\eta-\infty}^{i\eta+\infty}(F(\zeta) - \frac{1}{\zeta})e^{ix\zeta}d\zeta$$

då $x > 0$. Integralen kan enligt beviset för Sats 8.2 uppskattas med $C_a e^{-ax}$ då $x \to \infty$ för varje $a < 1$. För stora x dominerar alltså den lineära termen helt. Vi har

$$\Phi_-(0) = \frac{1}{2\pi i}\int_{ib-\infty}^{ib+\infty}\frac{\Phi(\zeta)}{\zeta}d\zeta, \ 0 < b < 1.$$

Integranden är en udda funktion så integralen får motsatt värde om vi tar b mellan -1 och 0 istället. Alltså får vi av Cauchys integralformel att

$$-\Phi_-(0) - \Phi_-(0) = \ \text{Res}(\frac{\Phi(\zeta)}{\zeta}, 0) = \Phi(0) = \log\frac{1}{3},$$

vilket ger att $e^{\Phi_-(0)} = \sqrt{3}$. Vidare har vi att

$$-i\Phi'_-(0) = -\frac{1}{2\pi}\int_{ib-\infty}^{ib+\infty}\frac{\Phi(\zeta)}{\zeta^2}d\zeta, \ 0 < b < 1.$$

På samma sätt visar man att det finns en funktion g som är 0 på positiva axeln och uppfyller (E.9) och (E.8), (E.9) ger (E.6), alltså (E.5) och (E.1). Efter division med i får vi följande sats.

Sats E.1

Varje lösning till (E.1) som uppfyller (E.4) för något $a < 1$, är proportionell mot en funktion f som är kontinuerlig på positiva reella axeln, 1 i 0 och för varje $a < 1$ har uppskattningen

(E.12) $$f(x) = \sqrt{3}(1 + c + x) + O(e^{-ax}), \ x \to \infty,$$

där

(E.13) $$c = -\frac{1}{2\pi}\int_{ib-\infty}^{ib+\infty}\Phi(\zeta)\zeta^{-2}d\zeta, \ 0 < b < 1.$$

Numerisk integration ger att $1 + c = 0.714\ldots$. Den approximerande lineära funktionen är alltså 0 då $x = -0.7104\ldots$, vilket används när man ska formulera randvillkor vid approximativ beräkning av strålningstätheter.

Ovanstående metod kan också användas på inhomogena integral-ekvationer av typen (E.1),

$$f(x) = \int_0^\infty K(x - y)f(y)dy + h(x), \; x > 0.$$

(Här är h och K givna och vi söker f.) Vi sätter $f = h = 0$ på negativa axeln och skriver ekvationen i formen

$$f = K * f + h + g$$

där f och g är okända funktioner som ska vara 0 på negativa respek-tive positiva axeln. Under lämpliga förutsättningar om uppförandet i oändligheten får vi genom Laplacetransformering en ekvation av formen

$$(1 - \hat{K})\hat{f} = \hat{h} + \hat{g},$$

där vi som förut faktoriserar $1 - \hat{K}$ och får

$$e^{-\Phi_-(\zeta)}\zeta^2(\zeta - i)^{-1}\hat{f}(\zeta) = (\hat{g}(\zeta) + \hat{h}(\zeta))e^{-\Phi_+(\zeta)}(\zeta + i).$$

I högerledet delas den kända funktionen

$$\hat{h}(\zeta)e^{-\Phi_+(\zeta)}(\zeta + i)$$

upp i skillnaden mellan en funktion H_- som är analytisk i ett undre halvplan och en funktion H_+ som är analytisk i ett övre halvplan. Sedan H_- flyttats över till vänstersidan kan diskussione fortsättas som förut.

Man kan också studera kärnor K sådana att $1 - \hat{K}$ har många noll-ställen. De bryts alla ut på motsvarande sätt. Slutligen kan man på samma sätt behandla oändliga ekvationssystem av formen

$$\sum_{j=0}^{\infty} K_{i-j}f_j = f_i, \; i \geq 0.$$

Man får då istället betrakta Laurentserien

$$\sum_{j=-\infty}^{\infty} K_i z^i$$

och potensserien $\sum_0^\infty f_i z^i$. Villkoret på exponentiellt avtagande hos K kan också försvagas kraftigt genom att man använder uppdel-ningen i Sats 7.7. Grundprincipen i metoden är dock alltid den som exemplifierats ovan.

En sats om minimummodulen

Som exempel på hur man kan studera värdena hos analytiska funtioner skall vi här visa en intressant och användbar sats av Carleman-Milloux-Schmidt-Nevanlinna-Beurling:

Sats F.1

Låt f vara analytisk och $|f(z)| \leq M$ då $|z| < R$, samt antag att

(F.1) $$\min_{|z|=r} |f(z)| \leq m, \quad 0 \leq r < R,$$

där $m \leq M$. Då gäller att

(F.2) $\quad |f(z)| \leq m^{\delta(z)} M^{1-\delta(z)}, \quad$ där $\delta(z) = \dfrac{2}{\pi} \arcsin \dfrac{R - |z|}{R + |z|}.$

Anmärkning Eftersom $\delta(z) \geq 1/3$ då $|z| \leq R/3$ har vi speciellt att

$$|f(z)| \leq m^{1/3} M^{2/3} \text{ då } |z| \leq R/3,$$

alltså att

$$m \geq \sup_{|z|<1/3} \frac{|f(z)|^3}{M^2}.$$

Vi kan därför finna ett r sådant att $|f|$ är ganska stor då $|z| = r$ så-

vida inte $|f|$ då $|z| < R/3$ alltid är mycket mindre än maximum
då $|z| < R$.

Bevis. I beviset för satsen kan vi anta att f är analytisk i en omgivning
av $\{z; |z| \leq R\}$ och att $f \neq 0$ på randen, för annars kunde vi
betrakta en följd av cirklar med radier som växer mot R och som
inte har något nollställe för f på randen. Vidare kan vi anta att $R = 1$
och $M = 1$. Vi väljer $\mu > 0$ så att $m < e^{-\mu}$ och måste bevisa att
$|f(z)| < e^{-\mu\delta(z)}$.

Funktionen f kan bara ha ändligt många nollställen $z_1, \ldots, z_m$ i en-
hetscirkeln. Vi kan därför med upprepad användning av Sats 5.13
skriva

$$f(z) = g(z) \prod_1^m \frac{z - z_j}{1 - z_j z},$$

där g är analytisk, $g(z) \neq 0$ då $|z| \leq 1$ och $|g(z)| \leq 1$ då $|z| \leq 1$.
Den harmoniska funktionen $u(z) = \log|g(z)| \leq 0$ kan representeras
med sin Poissonintegral

$$u(z) = \frac{1}{2\pi} \int_0^{2\pi} u(e^{i\theta}) \frac{1 - |z|^2}{|z - e^{i\theta}|^2} d\theta.$$

Eftersom

$$\frac{1}{2\pi} \int_0^{2\pi} u(e^{i\theta}) d\theta = u(0)$$

och

$$\frac{1 - |z|}{1 + |z|} \leq \frac{1 - |z|^2}{|z - e^{i\theta}|^2} \leq \frac{1 + |z|}{1 - |z|}$$

får vi genast, eftersom $u \leq 0$, att

(F.3) $$u(0)\frac{1 + |z|}{1 - |z|} \leq u(z) \leq u(0)\frac{1 - |z|}{1 + |z|}.$$

(Detta kallas Harnacks olikhet.) Nu bildar vi en ny analytisk funktion
som bara har nollställe på den positiva reella axeln:

$$F(z) = |g(0)|^{(1+z)/(1-z)} \prod_1^m \frac{z - |z_j|}{1 - |z_j|z}.$$

Eftersom

$$\operatorname{Re} \frac{1 + z}{1 - z} = \operatorname{Re} \frac{(1 + z)(1 - \bar{z})}{|1 - z|^2} = \frac{1 - |z|^2}{|1 - z|^2} \geq 0 \text{ då } |z| \leq 1,$$

har vi att $|F(z)| \leq 1$ då $|z| < 1$ och vi påstår att

(F.4) $|F(r)| \leq m$ då $0 \leq r < 1$ och $|f(z)| \leq |F(-|z|)|$ då $|z| < 1$.

Den första olikheten medför att F uppfyller förutsättningarna i satsen och den andra medför att satsen är bevisad om vi kan bevisa att

(F.5) $|F(-r)| \leq e^{-\mu\delta(r)}$, $0 \leq r < 1$.

Olikheterna (F.4) följer av (F.3) och

(F.6) $\left| \dfrac{|z| - |\zeta|}{1 - |z||\zeta|} \right| \leq \dfrac{|z - \zeta|}{|1 - \bar{\zeta}z|} \leq \dfrac{|z| + |\zeta|}{1 + |z||\zeta|}$, då $|z| < 1, |\zeta| < 1$.

För beviset av (F.6) fixerar vi ζ och betraktar mängden av alla z med

$$\frac{|z - \zeta|}{|1 - \bar{\zeta}z|} = k$$

där $k < 1$ också fixeras. Detta är ekvationen för en cirkel med medel-punkten

$$\zeta_0 = \frac{\zeta(1 - k^2)}{1 - k^2|\zeta|^2}$$

i riktningen ζ. Om radien betecknas med r så har vi $r = |\zeta_0 - z|$, alltså

$$\left| |z| - |\zeta_0| \right| \leq r, \quad |z| + |\zeta_0| \geq r.$$

Detta betyder att $\zeta|z|/|\zeta|$ ligger inuti cirkeln medan $-\zeta|z|/|\zeta|$ ligger utanför den, och det är innebörden av (F.6).

Sätt $U(z) = \log|F(tz)|$ där $1 - t$ är ett litet men positivt tal. Då gäller att U är harmonisk i enhetscirkeln uppskuren längs $[0,1]$, att $U \leq 0$ överallt och att $U < -\mu$ nära $[0,1]$. För att kunna uppskatta U på negativa reella axeln gör vi en konform avbildning på ett mera välkänt område. Först sätter vi $\sqrt{z} = \zeta$, alltså

$$U_1(\zeta) = U(\zeta^2) \text{ då } |\zeta| \leq 1 \text{ och } \operatorname{Im} \zeta \geq 0.$$

Vi har då att $U_1 < -\mu$ nära $[-1,1]$ och $U_1 \leq 0$ överallt; vi intresserar oss för U_1 på imaginära axeln. Sätt nu

$$w = \frac{2}{\zeta + 1} - 1 = \frac{1 - \zeta}{1 + \zeta}, \text{ alltså } \zeta = \frac{1 - w}{1 + w}.$$

Då övergår övre halvplanet i det undre och det inre av enhetscirkeln i högra halvplanet, så

$$U_2(w) = U_1(\zeta) = U_1\left(\frac{1 - w}{1 + w}\right)$$

är harmonisk i fjärde kvadranten, $< -\mu$ i en omgivning av ∞ och positiva reella axeln samt ≤ 0 överallt. Vi ska jämföra $U_2(w)$ med den harmoniska funktionen

$$w \mapsto 1 + \frac{2}{\pi} \arg w$$

som är lika med μ på positiva reella axeln, 0 på negativa imaginära axeln och har värden mellan 0 och μ för övrigt. Den harmoniska funktionen

$$h(w) = U_2(w) + \mu(1 + \frac{2}{\pi} \arg w)$$

är ≤ 0 på negativa imaginära axeln, nära ∞ och nära positiva reella axeln. Om vi tillämpar maximumprincipen på ett område begränsat av en stor cirkel, negativa imaginära axeln och en radie nära reella axeln som på figuren så får vi därför av maximumprincipen att h är ≤ 0 överallt och att

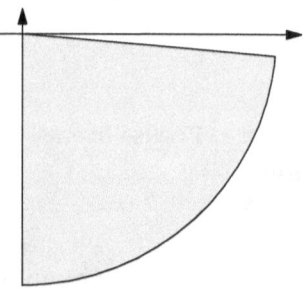

$$U_2(w) \leq -\mu(1 + \frac{2}{\pi} \arg w).$$

Då $z = -r$ blir $\zeta = i\sqrt{r}$ och

$$w = \frac{1 - i\sqrt{r}}{1 + i\sqrt{r}} = \frac{(1 - i\sqrt{r})^2}{1 + r},$$

alltså $|w| = 1$ och $\operatorname{Re} w = (1 - r)/(1 + r)$. Detta ger att

$$\arg w = -\arccos \frac{1 - r}{1 + r} \quad \text{och} \quad \frac{\pi}{2} + \arg w = \arcsin \frac{1 - r}{1 + r},$$

vilket betyder att

$$\log |F(-t)| = U(-r) \leq \frac{-2\mu}{\pi} \arcsin \frac{1 - r}{1 + r}.$$

Vi får olikheten (F.5) då $t \to 1$. Detta fullbordar beviset,   □

Det är inte svårt att vända på beviset och verifiera att $\delta(z)$ inte kan ersättas av något större tal i (F.2).

Euler-Maclaurins summationsformel

Introduktion

I den här bilagan ska vi titta på en annan summationsformel, Euler-Maclaurins summationsformel. Det är en formel för skillnaden mellan en integral och en nära besläktad summa. Den kan användas till att approximera integraler med ändliga summor, men även till att uppskatta oändliga serier med hjälp av integraler.

Euler-Maclaurins summationsformel

Vi ska studera skillnaden mellan integralen över en halvaxel och motsvarande Riemannsumma. Vi betraktar alltså med $h > 0$

$$h \sum_{k=0}^{\infty} f(kh) - \int_0^{\infty} f(x)dx$$

där $f \in C^2$ och $f = 0$ utanför ett ändligt intervall. För att förkorta räkningarna är det bekvämt att ta $h = 1$. Som i beviset för (8.27) får vi att

$$\int_0^{\infty} f(x)dx = \int_0^{\infty} \left(\frac{1}{2\pi} \int_{\operatorname{Im}\zeta=1} \hat{f}(\zeta)e^{ix\zeta}d\zeta \right)dx = \frac{i}{2\pi} \int_{\operatorname{Im}\zeta=1} \frac{\hat{f}(\zeta)}{\zeta}d\zeta$$

och att

$$\sum_{k=0}^{\infty} f(k) = \frac{1}{2\pi} \int_{\operatorname{Im}\zeta=1} \frac{\hat{f}(\zeta)}{1 - e^{i\zeta}}d\zeta.$$

Det betyder att

(G.1) $\quad \displaystyle\sum_{k=0}^{\infty} f(k) - \int_0^{\infty} f(x)dx = \frac{1}{2\pi} \int_{\operatorname{Im}\zeta=1} (\frac{1}{1-e^{i\zeta}} - \frac{i}{\zeta})\hat{f}(\zeta)d\zeta.$

Vi ska nu diskutera Taylorutvecklingen i origo av den analytiska funktionen inom parantesen i integralen i högerledet, eller snarare den närbesläktade funktionen

$$t \mapsto \frac{t}{e^t - 1}$$

som är analytisk i cirkeln $|t| < 2\pi$ och följaktligen kan serieutvecklas där,

$$\frac{t}{e^t - 1} = \sum_{k=0}^{\infty} b_k \frac{t^k}{k!}.$$

Koefficienterna b_k kallas de Bernoulliska talen (betecknas ibland B_k). Det är klart att $b_0 = 1$.

För att beräkna koefficienterna multiplicerar vi upp $e^t - 1 = \sum_1^{\infty} t^j/j!$ och får relationen

$$t = \sum_{j=1}^{\infty} \sum_{k=0}^{\infty} b_k \frac{t^{j+k}}{j!k!} = \sum_{n=0}^{\infty} (\sum_{k=0}^{n} \frac{b_k}{k!(n-k)!}) t^{n+1},$$

från vilket vi får att

(G.2) $\qquad\qquad \displaystyle\sum_{k=0}^{n-1} \binom{n}{k} b_k = 0, \; n = 2, 3, \ldots$

Detta ger

$$b_1 = -\frac{1}{2}, \; b_2 = \frac{1}{6}, \; b_4 = -\frac{1}{30}, \; b_6 = \frac{1}{42}, \; b_8 = -\frac{1}{30}, \; b_{10} = \frac{5}{66},$$

$$b_3 = b_5 = b_7 = b_9 = b_{11} = 0.$$

Att $b_k = 0$ för udda $k > 1$ följer genast av att

$$\frac{t}{e^t - 1} + \frac{t}{2} = \frac{t}{2} \frac{e^t + 1}{e^t - 1} = \frac{t}{2} \coth \frac{t}{2}$$

är en jämn funktion. Storleksordningen av b_k för stora jämna k framgår av Cauchys integralformel som ger oss att

$$\frac{b_k}{k!} = \frac{1}{2\pi i} \int_{|t|=\pi} \frac{t^{-k}}{e^t - 1} dt = -(2\pi i)^{-k} + \frac{1}{2\pi i} \int_{|t|=3\pi} \frac{t^{-k}}{e^t - 1} dt$$

där den sista integralen är $O((3\pi)^{-k})$. Om vi nu återgår till funktionen i (G.2) så har vi då $|\zeta| < 2\pi$ att

$$\frac{1}{1-e^{i\zeta}} - \frac{i}{\zeta} = (\frac{i\zeta}{e^{i\zeta}-1} - 1)\frac{i}{\zeta} = -\sum_{k=1}^{\infty} b_k \frac{(i\zeta)^{k-1}}{k!}.$$

Antag nu att funktionen i (G.2) är m gånger kontinuerligt deriverbar för ett $m \geq 2$ och är 0 utanför ett ändligt intervall. Vi vill uttrycka högerledet med hjälp av $f^{(m)}$ på positiva axeln, så vi sätter

$$f^{(m)}(x) = g_+(x) + g_-(x) \quad \text{där } g_{\pm}(x) = \begin{cases} f^{(m)}(x) & \text{då } x \gtrless 0, \\ 0 & \text{annars.} \end{cases}$$

Eftersom

$$\widehat{g_+}(\zeta) + \widehat{g_-}(\zeta) = (i\zeta)^m \hat{f}(\zeta)$$

så kan vi ersätta $\hat{f}(\zeta)$ med $(\widehat{g_+}(\zeta) + \widehat{g_-}(\zeta))/(i\zeta)^m$ i högerledet av (G.1). Men g_- är en begränsad analytisk funktion i övre halvplanet, så vi inser genom att flytta integrationsvägen mot oändligheten i övre halvplanet att $\widehat{g_-}$ inte lämnar något bidrag alls. Vi har alltså att

$$\sum_{k=0}^{\infty} f(k) - \int_0^{\infty} f(x)dx = \frac{1}{2\pi} \int_{\text{Im}\,\zeta=1} (\frac{1}{1-e^{i\zeta}} - \frac{i}{\zeta})(i\zeta)^{-m}\widehat{g_+}(\zeta)d\zeta.$$

Motsvarande integral över linjen $\text{Im}\,\zeta = -1$ är 0, av samma skäl som för integralen då $\text{Im}\,\zeta = 1$, med $\widehat{g_-}$ istället för $\widehat{g_+}$ är noll. Så genom att integrera längs en lång rektangel kring reella axeln får vi att integralen är $-2\pi i$ gånger summan av residyerna, alltså

(G.3) $$\sum_{k=0}^{\infty} f(k) - \int_0^{\infty} f(x)dx = \sum_{k\neq0} (2\pi i k)^{-m}\widehat{g_+}(2\pi k) + E$$

där E är residyn i 0 av

$$i\sum_{k=1}^{\infty} b_k \frac{(i\zeta)^{k-m-1}}{k!} \sum_{j=0}^{\infty} \widehat{g_+}(0)\frac{\zeta^j}{j!},$$

alltså

$$E = \sum_{k=1}^{m} \frac{b_k}{k!}\widehat{g_+}^{(m-k)}(0)\frac{i^{k-m}}{(m-k)!}.$$

Nu är

$$\widehat{g_+}^{(m-k)}(0) = \int_0^{\infty} (-ix)^{m-k} f^{(m)}(x)dx = i^{m-k}(m-k)! \int_0^{\infty} f^{(k)}(x)dx$$

$$= -i^{m-k}(m-k)!f^{(k-1)}(0),$$

så vi får att

$$E = -\sum_{k=1}^{m} f^{(k-1)}(0)\frac{b_k}{k!}.$$

Serien i högerledet av (G.3) beräknar vi genom insättning av definitionen av $\widehat{g_+}$. Den blir lika med integralen av produkten av g_+ med

$$\sum_{k\neq 0}(2\pi i k)^{-m}e^{-2\pi i k x} = \sum_{k\neq 0}(-2\pi i k)^{-m}e^{2\pi i k x},$$

för denna serie konvergerar likformigt eftersom $m \geq 2$. Vi sätter

(G.4) $$b_m(x) = -m!\sum_{k\neq 0}(2\pi i k)^{-m}e^{2\pi i k x},$$

vilket alltså är en kontinuerlig funktion med perioden 1, och får nu av (G.3) att $\int_0^\infty f(x)dx =$

(G.5) $$\sum_0^\infty f(k) + \sum_1^m f^{(k-1)}(0)\frac{b_k}{k!} + (-1)^m \int_0^\infty \frac{b_m(x)}{m!}f^{(m)}(x)dx$$

vilket också kan skrivas, om vi tar termen $k = 1$ för sig,

(G.6) $$\sum_0^\infty{}' f(k) + \sum_2^m f^{(k-1)}(0)\frac{b_k}{k!} + (-1)^m \int_0^\infty \frac{b_m(x)}{m!}f^{(m)}(x)dx.$$

Vi påminner om att i andra summan i högerledet är termerna 0 utom för jämna värden av k. Endast udda derivator av f i 0 förekommer alltså. Det är därför praktiskt att välja m udda, så vi ersätter m med $2m + 1$. En analog formel gäller givetvis för (n, ∞), den erhålles genom translation av f, och subtraktion ger nu Euler-Maclaurins summationsformel

(G.7) $$\int_0^n f(x)dx = \sum_0^n{}' f(k) + \sum_1^m (f^{(2k-1)}(0) - f^{(2k-1)}(n))\frac{b_{2k}}{(2k)!}$$
$$- \int_0^n \frac{b_{2m+1}(x)}{(2m+1)!}f^{(2m+1)}(x)dx.$$

Vi har härlett denna under förutsättningen att $f(x) = 0$ för stora x, men då formeln nu bara innehåller f på ett ändligt intervall är detta ingen inskränkning.

Det återstår att identifiera funktionerna $b_m(x)$. Då $m > 2$ ger derivation av (G.5) att

$$b_m'(x) = mb_{m-1}(x).$$

Eftersom summan av residyerna av

$$i\left(\frac{1}{1-e^{i\zeta}} - \frac{i}{\zeta}\right)(i\zeta)^{-m}$$

måste vara noll då $m \geq 2$ så får vi att

(G.8) $$\frac{b_m}{m!} = -\sum_{k\neq 0}(2\pi i k)^{-m},$$

alltså att $b_m = b_m(0)$.

Exempel G.1 Då $m = 2$ ger detta att

$$\sum_1^\infty \frac{1}{k^2} = \pi^2 b_2 = \frac{\pi^2}{6}$$

och att man på analogt sätt kan beräkna $\sum_1^m k^{-2m}$ för varje heltal m.

Genom induktion följer därför att

(G.9) $$b_m(x) = \sum_{j=0}^m \binom{m}{j} b_j x^{m-j} \text{ då } 0 \leq x \leq 1 \text{ och } m \geq 2$$

om vi bevisar att detta är sant för $m = 2$. För att göra det tar vi en funktion $f \in C^2$ som är 0 i $[1, \infty)$ och använder att (G.6) ger

$$\int_0^\infty \frac{b_2(x)}{2} f''(x)dx = \int_0^\infty f(x)dx - \frac{f(0)}{2} - \frac{f'(0)}{12} =$$

$$\left[f(x)(x - \frac{1}{2})\right]_0^\infty - \frac{f(0)}{2} - \frac{f'(0)}{12} - \int_0^\infty f'(x)(x - \frac{1}{2})dx =$$

$$\int_0^\infty f''(x)(\frac{x^2}{2} - \frac{x}{2} + \frac{1}{12})dx$$

där integrationskonstanterna valts så att $f(0) = f'(0)$ går bort. Då f'' kan vara en godtycklig kontinuerlig funktion som är 0 på $(1, \infty)$ följer det att $b_2(x) = x^2 - x + 1/6$ då $0 < x < 1$, vilket slutför beviset av (G.9).

Anmärkning Naturligtvis kan man också bevisa Euler-Maclaurins summationsformel genom upprepad partialintegration,

$$\int_0^1 f(x)dx \Big[f(x)(x - \frac{1}{2}) \Big]_0^1 - \int_0^1 f'(x)(x - \frac{1}{2})dx =$$

$$(f(0) + \frac{f(1)}{2} - \Big[f'(x)\frac{b_2(x)}{2!} \Big]_0^1 + \int_0^1 f''(x)\frac{b_2(x)}{2!}dx = \ldots$$

Av (G.3) ser vi att $b_m(0) = b_m(1)$ då $m \geq 2$, så vid addition av sådana uttryck för intervallen $(0,1)$, $(1,2), \ldots, (n-1,n)$ får vi (G.7).

En tillämpning på Γ-funktionen

Som en tillämpning av summationsformeln betraktar vi åter formeln (8.23) för Γ-funktionen. Tag $f(t) = \log(a + t)$ och använd (G.7). Vi får då

$$\int_0^n \log(a+t)dt - \sum_0^n{}' \log(a+j) = \sum_1^m (a^{1-2k} - (a+n)^{1-2k})\frac{b_{2k}}{2k(2k-1)} -$$

$$- \int_0^n \frac{b_{2m+1}}{2m+1}(a+t)^{-2m-1}dt.$$

Om vi låter $n \to \infty$ så får vi nu att för varje positivt heltal m är

$$\Gamma(a) = \sqrt{2\pi}\, a^{a-\frac{1}{2}}e^{-a} \exp\Big(\sum_1^m a^{1-2k}\frac{b_k}{2k(2k-1)} \Big) + O(A^{-2m})$$

där A är avståndet från a till negativa reella axeln. Serien är *inte* konvergent då $m \to \infty$ men några termer i början

$$\frac{1}{12a} - \frac{1}{360a^3} + \frac{1}{1260a^4} - \frac{1}{1680a^7}$$

ger då a är på avstånd $A > 10$ från negativa reella axeln en utomordentligt hög noggrannhet. Genom användning av (8.20) en gång och användning av (8.17) högst 10 gånger kan man alltid reducera sig till den situationen. För måttlig noggrannhet räcker ett mindre antal temer för ännu mindre värden av A.

Om numerisk beräkning av integraler

Euler-Maclaurins summationsformel kan med fördel användas för numerisk beräkning av integraler för funktioner som har några lätt beräknade men inte alltför stora derivator. Även om derivatorna inte lätt kan beräknas men man vet låt oss säga att f har 5 kontinuerliga derivator i $[a, b]$, så visar (G.7) använd på $f(a + hx)$ att då $h = (a - b)/N$ med heltal N så är

$$\int_a^b f(x)dx = h \sum_0^N{}' f(a + kh) + Bh^2 + Ch^4 + O(h^5).$$

Om vi kallar integralen för I och trapetzsumman för $I(h)$ så ger detta om vi också ersätter h med $h/2$ och $h/4$ att

$$\begin{cases} I = I(h) + Bh^2 + Ch^4 + O(h^5) \\ I = I(\frac{h}{2}) + B(\frac{h}{2})^2 + C(\frac{h}{2})^4 + O((\frac{h}{2})^5) \\ I = I(\frac{h}{4}) + B(\frac{h}{4})^2 + C(\frac{h}{4})^4 + O((\frac{h}{4})^5), \end{cases}$$

eller efter elimination av B och C

$$I = \frac{1}{45}\left(64I(\frac{h}{4}) - 20I(\frac{h}{2}) + I(h)\right) + O(h^5).$$

Detta blir väsentligen lika noggrant som beräkning av de två första termerna i Euler-Maclaurins summationsformel. Av härledningen kan man naturligtvis också få en uppskattning för feltermen.

Airyfunktionen

I den här bilagan ska vi ge ytterligare en illustration metoden med den stationära fasen, nu med integration från $-\infty$ till ∞, nämligen Airyfunktionen

(H.1)
$$A(x) = \frac{1}{2\pi} \int_{-\infty}^{\infty} e^{i(\frac{t^3}{3}+xt)}\,dt$$

som spelar en viktig roll i optiken. Från början är det inte ens klart att integralen konvergerar, men eftersom

$$\frac{d}{dt}(\frac{t^3}{3}+xt) = t^2 + x$$

är positiv för stora t är det naturligt att försöka flytta integrationsvägen mot övre halvplanet. Vi tar alltså $\eta > 0$ och betraktar integralen av $\exp(i(\frac{t^3}{t}+xt))$ över randen av rektangeln $0 < \operatorname{Im} t < \eta$, $|\operatorname{Re} t| < N$, där N ska gå mot ∞. På de vertikala sidorna är

$$\operatorname{Re}(i(\frac{(N+is)^3}{3}+x(N+is))) = -N^2 s + \frac{s^3}{3} - xs < -\frac{N^2 s}{2}$$

då $0 < s < \eta$, om N är tillräckligt stort och η är fixerat. Eftersom

$$\int_0^\eta e^{-N^2 s/2}\,ds < \frac{2}{N^2} \to 0 \text{ då } N \to \infty$$

så går integralen över dessa sidor mot 0. Alltså är

$$\lim_{N\to\infty} \frac{1}{2\pi} \int_{-N}^{N} e^{i(\frac{t^3}{3}+xt)}\,dt = \frac{1}{2\pi} \int_{\operatorname{Im} t=\eta} e^{i(\frac{t^3}{3}+xt)}\,dt$$

där integralen i högerledt konvergerar absolut. Beviset visar också att vi kunde ha haft olika N i övre och undre integrationsgränserna. Integralen i (H.1) konvergerar alltså och vi har för varje $\eta > 0$ att

(H.2)
$$A(x) = \frac{1}{2\pi} \int_{\mathrm{Im}\, t = \eta} e^{i(\frac{t^3}{3} + xt)} dt$$

Men denna integral konvergerar absolut för alla komplexa x eftersom

$$\mathrm{Re}\, \frac{it^3}{3} = -(\mathrm{Re}\, t)^2 \eta + \frac{\eta^3}{3} \text{ då } \mathrm{Im}\, t = \eta.$$

Konvergensen är likformig då x är i ett begränsat område, så den definierar en hel analytisk funktion $A(x)$ med

$$A^{(k)}(0) = \frac{1}{2\pi} \int_{\mathrm{Im}\, t = \eta} e^{i\frac{t^3}{3}} (it)^k dt.$$

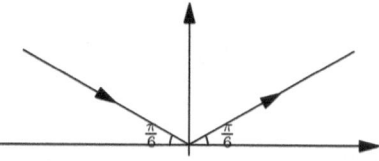

Vi kan ersätta integrationsvägen med den i figuren på vanligt sätt och får då en negativ exponent,

$$A^{(k)}(0) = \frac{1}{\pi} \int_0^\infty e^{-\frac{t^3}{3}} e^{i(\frac{\pi}{2} + \frac{\pi}{6})k} t^k e^{i\frac{\pi}{6}} dt =$$

$$\cos(\frac{\pi}{6} + k\frac{2\pi}{3}) \frac{1}{3\pi} \int_0^\infty e^{-s} (3s)^{\frac{k}{3}} 3^{\frac{1}{3}} s^{-\frac{2}{3}} ds = \frac{3^{\frac{k-2}{3}}}{\pi} \cos(\frac{\pi}{6} + k\frac{2\pi}{3}) \Gamma(\frac{k+1}{3}).$$

På grund av cosinusfaktorn är detta 0 då $k - 2$ är delbart med 3.

Genom derivation under integraltecknet i (H.2) ser vi att

$$A''(x) - xA(x) = \frac{1}{2\pi} \int_{\mathrm{Im}\, \zeta = \eta} (-t^2 - x^2) e^{i(\frac{t^3}{3} + xt)} dt = 0,$$

så A uppfyller en differentialekvation. Vi ska nu se på uppförandet i oändligheten. Låt först x vara stort och positivt. Fasen har en stationär punkt då $t^2 + x^2 = 0$, alltså $t = \pm i\sqrt{x}$, så vi flyttar integrationsvägen till $\mathrm{Im}\, t = i\sqrt{x}$ och får att $A()$ är lika med

$$\frac{1}{2\pi} e^{-\frac{2}{3}x^{\frac{3}{2}}} \int_{-\infty}^\infty e^{i\frac{t^3}{3} - t^2\sqrt{x}} dt = \frac{1}{2\pi} x^{-\frac{1}{4}} e^{-\frac{2}{3}x^{\frac{3}{2}}} \int_{-\infty}^\infty e^{-t^2 + i\frac{t^3}{3} x^{-\frac{3}{4}}} dt.$$

Integralen konvergerar mot $\sqrt{\pi}$, så vi har att

$$A(x) = \frac{1}{2\sqrt{\pi}} x^{-\frac{1}{4}} e^{-\frac{2}{3}x^{\frac{3}{2}}} (1 + o(1)) \text{ då } x \to \infty.$$

Om x är stort och negativt har vi
däremot två stationära punkter
$t = \pm\sqrt{-x}$ på reella axeln, och
vi väljer en integrationsväg enligt
figuren som i beviset av Sats 8.5.
Resultatet, som vi lämnar åt den

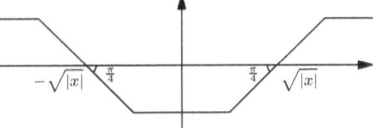

intresserade läsaren att verifiera, blir att då $x \to -\infty$ är

$$A(x) = \frac{1}{\sqrt{\pi}}|x|^{-\frac{1}{4}}\left(\sin(\frac{2}{3}|x|^{\frac{3}{2}} + \frac{\pi}{4}) + O(|x|^{-\frac{3}{2}})\right).$$

För negativa x har alltså $A(x)$ ett oscillerande uppförande.

I

Riemanns avbildningssats och Bergmans kärnfunktion

Introduktion

Man gör mycket av den komplexa analysen i enhetscirkelskivan $\mathbb{D}$ därför att det också täcker nästan alla andra viktiga fall genom sammansättning med en analytisk funktion. Att det är så beror på Riemanns avbildningssats:

> Låt Ω vara en öppen, enkelt sammanhängande del-mängd av $\mathbb{C}$, dock inte hela $\mathbb{C}$ och låt $z_0 \in \Omega$. Då existerar en konform bijektion f av Ω på $\mathbb{D}$ med $f(z_0) = 0$ och f är entydigt bestämd om vi dess-utom kräver att $f'(z_0) > 0$.

Entydigheten här är en omedelbar konsekvens av Schwartz lemma. Att Ω är enkelt sammanhängande är en topologisk egenskap hos mängden och eftersom $\mathbb{D}$ är enkelt sammanhängande måste även Ω vara det för att det ska finnas en konform bijektion mellan mängderna.

I den här bilagan ska vi ge ett konstruktivt bevis för denna sats under lite starkare villkor. Vi ska kräva att Ω är en öppen, begrän-sad mängd med analytisk rand sådan att $\complement \overline{\Omega}$ är sammanhängande (vilket är samma sak som enkelt sammanhängande för en begrän-

185

sad mängd). I det fallet ska vi ge en explicit konstruktion av den konforma avbildningen baserad på Bergmans kärnfunktion.

Här kommer vi oftast att skriva $d\lambda$ istället för $dxdy$ för att slippa införa beteckningar för real- och imaginärdelarna.

Bergmans kärnfunktion

Vi skall här ge en metod för att konstruera en konfrom avbildning på enhetscirkelskivan av ett ganska allmänt område $\Omega \subset \mathbb{C}$. Beteckna med $H(\Omega)$ mängden av alla analytiska funktioner f i Ω med

$$(I.1) \qquad \|f\| = \sqrt{\iint_\Omega |f(x+iy)|^2 d\lambda} < \infty.$$

För $f, g \in H(\Omega)$ inför vi skalärprodukten

$$(I.2) \qquad (f|g) = \iint_\Omega f\bar{g}\, d\lambda,$$

så att $\|f\|^2 = (f|f)$. Då gäller som bekant Cauchy–Schwartz olikhet

$$(I.3) \qquad |(f|g)| \leq \|f\|\,\|g\|.$$

Låt nu Ω vara ett sammanhängande, begränsat område. Med hjälp av Gram-Schmidts ortogonalitetförfarande kan vi då successivt definiera polynom $p_n(x)$ av graden n så att

$$(I.4) \qquad \|p_n\| = 1, \quad (p_n|p_m) = 0 \text{ då } m < n.$$

Med hjälp av dessa ortonormerade polynom bildar vi sedan

$$(I.5) \qquad K(z,w) = \sum_1^\infty p_j(z)\overline{p_j(w)}, \quad z,w \in \Omega.$$

Vi har då följande grundläggande resultat.

Sats I.1

Serien (I.5) konvergerar mot en kontinuerlig funktion K i $\Omega \times \Omega$ med $K(z,w) = \overline{K(w,z)}$ som tillhör $H(\Omega)$ som funktion av z för fixt w. Vi har för varje polynom p att

(I.6) $$\iint_{\Omega} K(z,w)p(w)d\lambda(w) = p(z), \quad z \in \Omega.$$

På grund av (I.6) säger man att K är en *reproducerande kärna* för polynom i Ω. Då $\complement\overline{\Omega}$ är sammanhängande är K lika med den så kallade Bergmankärnan, som dock i allmänhet måste bildas med hjälp av allmänna analytiska funktioner i $H(\Omega)$ och inte bara polynom.

För beviset av sats I.1 behöver vi följande lemma:

Lemma I.1 För varje $f \in H(\Omega)$ gäller

(I.7) $$|f(z)| \leq \frac{||f||}{\sqrt{\pi}d(z)}$$

där $d(z) = \inf_{\zeta \notin \Omega} |z - \zeta|$.

Bevis. Då $r < d(z)$ har vi att

$$f(z) = \frac{1}{\pi r^2} \iint_{|\zeta - z| < r} f(\zeta)d\zeta,$$

eftersom integralen är lika med

$$\int_0^r \int_0^{2\pi} f(z + e^{i\theta})\rho d\rho d\theta = 2\pi f(z) \int_0^r \rho d\rho = \pi r^2 f(z).$$

Cauchy–Schwartz' olikhet ger nu att

$$|f(z)| \leq \sqrt{\frac{1}{\pi r^2} \iint_{|\zeta - z| < r} |f(\zeta)|^2 d\lambda(\zeta)} \leq \frac{||f||}{\sqrt{\pi}r}. \qquad \square$$

Vi kan nu bevisa satsen ovan.

Bevis (för sats I.1). Vi tillämpar (I.7) på ett godtyckligt polynom $f(z) = \sum_0^N a_j p_j(z)$. Eftersom $(f|f) = \sum\sum a_j \overline{a_k}(p_j|p_k) = \sum_j |a_j|^2$ får vi att

$$\left| \sum_0^N a_j p_j(z) \right| \leq \frac{\sqrt{\sum_0^N |a_j|^2}}{\sqrt{\pi d(z)}}.$$

Om vi här tar $a_j = \overline{p_j(z)}$ och förkortar så får vi för z i Ω att

(I.8) $$\sum_0^N |p_j(z)|^2 \leq \frac{1}{\pi d(z)^2},$$

med godtyckligt många termer i summan. Av (I.8) och Cauchy–Schwartz olikhet för summor, får vi genast att (I.5) konvergerar och att

(I.9) $$|K(z,w)| \leq \frac{1}{\pi d(z)d(w)}.$$

Delsummorna $K_N(z,w)$ av (I.5) har samma begränsning. Vi har därför att

$$K_N(z+\zeta,w)| \leq \frac{2}{\pi d(z)d(w)} \quad \text{då} \quad |\zeta| < \frac{d(z)}{2},$$

så Cauchys olikhet (sats 5.10) ger att

$$\left| \frac{\partial K_N}{\partial z}(z,w) \right| \leq \frac{4}{\pi d(z)^2 d(w)},$$

vilket medför att

$$|K_N(z,w) - K_N(\zeta,w)| \leq \frac{16|z-\zeta|}{\pi d(z)^2 d(w)} \quad \text{om} \quad |z-\zeta| < \frac{d(z)}{2}.$$

Det är uppenbart att $\overline{K_N(z,w)} = K_N(w,z)$, så en analog olikhet gäller för kontinuiteten med avseende på w. Beviset för Stieltjes–Vitalis sats visar nu att $K_N \to K$ likformigt på varje kompakt delmängd av $\Omega \times \Omega$. Det följer att K är kontinuerlig, $\overline{K(z,w)} = K(w,z)$ och

$$\iint_\Omega |K_N(z,w)|^2 d\lambda(w) = \sum_1^N |p_j(z)|^2 \to K(z,z) \quad \text{då } N \to \infty.$$

Om M är en kompakt delmängd av Ω så får vi att

$$\iint_M |K(z,w)|^2 d\lambda(w) = \lim_{N\to\infty} \iint_M |K_N(z,w)|^2 d\lambda(w) \leq K(z,z)$$

och då M är godtyckligt får vi också

$$\iint_\Omega |K(z,w)|^2 d\lambda(w) \le K(z,z).$$

Samma argument ger också att

$$(I.10) \qquad \iint_\Omega |K(z,w) - K_N(z,w)|^2 d\lambda(w) = \sum_{j>N} |p_j(z)|^2 \to 0$$

då $N \to \infty$. Det följer därför att

$$\iint_\Omega |K(z,w)|^2 d\lambda(w) = \lim_{N\to\infty} \iint_\Omega |K_N(z,w)|^2 d\lambda(w) = K(z,z).$$

Om p är ett polynom av graden n så gäller att

$$p(z) = \iint_\Omega K_N(z,w)p(w)d\lambda(w)$$

så snart $N \ge n$, för enligt (I.4) är detta sant då $p = p_0, \ldots, p_N$. Vi får nu att

$$\left| p(z) - \iint_\Omega K(z,w)p(w)d\lambda(w) \right| =$$

$$\left| \iint_\Omega (K_N(z,w) - K(z,w))p(w)d\lambda(w) \right| \le \sqrt{\sum_{j>N} |p_j(z)|^2} \, ||p||$$

enligt Cauchy–Schwartz' olikhet och (I.10). Då $N \to \infty$ följer (I.6) av detta. $\qquad\qquad\qquad\qquad\qquad\qquad\qquad\qquad\qquad\qquad\qquad \Box$

Bergmans kärnfunktion K är alltså analytisk i Ω. Vi behöver också kunna fortsätta den analytiskt till randen. Ett tillräckligt villkor för detta är att randen är analytisk som följande sats visar.

Sats I.2

Om randen $\partial\Omega$ är analytisk och $\complement\overline{\Omega}$ är sammanhängande så kan $K(z,w)$ för fixt $w \in \Omega$ fortsättas analytiskt till randen $\partial\Omega$.

Anmärkning Att randen $\partial\Omega$ är analytisk innebär att det en omgivning av en godtycklig punkt $z_0 \in \partial\Omega$ går att parametrisera randen med en avbildning

$$(-1,1) \ni t \to \chi(t),$$

där $\chi'(t) \neq 0$ och χ är analytisk nära $(-1, 1)$.

Vi uppskjuter beviset för denna sats till efter att vi har bevisat Riemanns avbildningssast.

Riemanns avbildningssats

Vi ska nu använda Bergmans kärnfunktion till att ge ett bevis för Riemanns avbildningssats under villkor att Ω är begränsad med analytisk rand och $\complement\overline{\Omega}$ är sammanhängande. Vi får det resultatet genom att kombinera resultaten i föregående avsnitt med följande sats.

Sats I.3

Om $\partial\Omega$ är C^1 och $\complement\overline{\Omega}$ är sammanhängande samt för ett fixt $w \in \Omega$ funktionen $z \mapsto K(z, w)$ är begränsad i Ω så ger

(I.11)
$$z \mapsto \sqrt{\frac{\pi}{K(w, w)}} \int_w^z K(\zeta, w) d\zeta$$

en konform avbildning av Ω på enhetscirkelskivan som avbildar w på origo.

För att bevisa sats I.3 fixerar vi $w \in \Omega$ och sätter vi

$$k(z) = K(z, w) = \overline{K(w, z)},$$

vilken är en analytisk funktion, och observerar att (I.6) då ger att

(I.12)
$$\iint_\Omega \overline{k(z)} p(z) d\lambda(z) = p(w)$$

för alla polynom p.

Lemma I.2 Om $\complement\overline{\Omega}$ är sammanhängande så medför (I.12) att

(I.13)
$$\iint_\Omega \frac{\overline{k(z)}}{z - \zeta} d\lambda(z) = \frac{1}{w - \zeta}, \quad \zeta \notin \overline{\Omega}.$$

Bevis. Om ζ är så stor att $|w - \zeta| > |w - z|$ för alla z i $\overline{\Omega}$ så är serieutvecklingen

$$\frac{1}{z - \zeta} = \frac{1}{z - w + w - \zeta} = \sum_0^\infty (w - \zeta)^{-n-1}(w - z)^n$$

likformigt konvergent då $z \in \overline{\Omega}$. Alltså är enligt (I.12)

$$\iint_\Omega \frac{\overline{k(z)}}{z - \zeta} d\lambda(z) = \sum_0^\infty (w - \zeta)^{-n-1} \iint_\Omega \overline{k(z)}(w - z)^n d\lambda(z) = \frac{1}{w - \zeta}$$

för sådana ζ. Nu är

$$\iint_\Omega \frac{\overline{k(z)}}{z - \zeta} d\lambda(z) - \frac{1}{w - \zeta}$$

en analytisk funktion av ζ i $\complement\overline{\Omega}$. Då den är 0 för stora $|\zeta|$ och $\complement\overline{\Omega}$ har antagits sammanhängande så följer av analytiska fortsättningens entydighet att funktionen är identisk noll i $\complement\overline{\Omega}$. □

Vi skall senare i Lemma I.4 se att (I.13) omvänt medför (I.12), men nu övergår vi till att studera integralen i (I.13)

$$F(\zeta) = \iint_\Omega \frac{\overline{k(z)}}{z - \zeta} d\lambda(z)$$

närmare. Eftersom $k \in H(\Omega)$ och $1/(z - \zeta)$ är integrerbar nära ζ så är denna integral absolut konvergent om $\zeta \in \Omega$. Om k är begränsad så konvergerar den även om ζ ligger på randen.

Lemma I.3 F är en oändligt deriverbar funktion i Ω sådan att

$$\frac{\partial F}{\partial \bar{\zeta}}(\zeta) = -\pi\overline{k(\zeta)}.$$

Vi har att

$$|F(\zeta)| \le C\sqrt{\log \frac{C}{d(\zeta)}}, \quad \zeta \in \Omega,$$

och om k är begränsad så är F kontinuerlig i hela $\mathbb{C}$.

Bevis. För givet $z_0 \in \Omega$ kan vi välja en funktion $g \in C^1$ som är 1 nära z_0 och 0 i $\{z; \ |z - z_0| > d(z)/2\}$. Då är

$$F_1(\zeta) = \iint_\Omega (1 - g(z)) \frac{\overline{k(z)}}{z - \zeta} d\lambda(z)$$

en analytisk funktion av ζ nära z_0 (där $g = 1$) och $F = F_1 + F_2$, där

$$F_2(\zeta) = \iint g(z) \frac{\overline{k(z)}}{z - \zeta} d\lambda(z) = \iint \overline{k(\zeta - z)} g(\zeta - z) z^{-1} d\lambda(z).$$

Här får vi derivera under integraltecknet vilket visar att F_2 är oändligt deriverbar och att

$$\frac{\partial F_2}{\partial \bar{\zeta}} (\zeta) = \iint_\Omega \frac{\partial}{\partial \bar{z}} (\overline{k(\zeta - z)} g(\zeta - z)) z^{-1} d\lambda(z) = -\pi \overline{k(\zeta)} g(\zeta).$$

Den sista likheten följer av (5.2). Eftersom $g(z_0) = 1$ får vi att $\partial F / \partial \bar{\zeta} = -\pi \bar{k}$ i z_0.

Då $|z - \zeta| < \frac{d(\zeta)}{2}$ har vi att $d(z) > \frac{d(\zeta)}{2}$, och (I.9) ger då att $|k(z)| < \frac{C}{d(\zeta)}$. Motsvarande bidrag till F kan därför uppskattas med

$$\frac{C}{d(\zeta)} \iint_{|z - \zeta| < \frac{d(\zeta)}{2}} \frac{1}{|z - \zeta|} d\lambda(z) = \frac{2\pi C}{d(\zeta)} \int_0^{\frac{d(\zeta)}{2}} dr = \pi C.$$

Återstoden av integralen som definierar F kan enligt Cauchy–Schwarz olikhet uppskattas med

$$C \sqrt{\iint_{\frac{d(\zeta)}{2} < |z - \zeta| < M} \frac{d\lambda(z)}{|z - \zeta|^2}},$$

där M är diametern för Ω. Vi får den påstådda uppskattningen för F genom att beräkna integralen med polära koordinater.

För att slutligen visa att F är kontinuerlig om k är begränsad sätter vi $E_\epsilon(z) = \bar{z}/(|z|^2 + \epsilon)$ och observerar att

$$E_\epsilon(z) - \frac{1}{z} = -\frac{\epsilon}{z(|z|^2 + \epsilon)}.$$

För alla ζ gäller därför att

$$\left| F(\zeta) - \iint_\Omega \overline{k(z)} E_\epsilon(z - \zeta) d\lambda(z) \right| \leq$$

$$\sup |k|\epsilon \iint \frac{d\lambda(z)}{z(|z|^2 + \epsilon)} = \pi^2 \sup |k|\sqrt{\epsilon} \to 0 \quad \text{då} \quad \epsilon \to 0.$$

Dubbelintegralen här är en kontinuerlig funktion av ζ för alla $\epsilon > 0$, vilket visar att det likformiga gränsvärdet F också är en kontinuerlig funktion. $\qquad\qquad\square$

Vi kan nu bevisa vår version av Riemanns avbildningssats.

Bevis (för sats I.3). Låt $G(z)$ vara den analytiska funktion i Ω som definieras av

$$G(w) = 0, \quad G'(z) = k(z).$$

Vi har alltså

$$G(z) = \int_w^z k(\zeta)d\zeta$$

med integration längs en godtycklig C^1 kurva från w till z i Ω. Att integralen inte beror av integrationsvägen följer av att k är gränsvärde för en följd av polynom; för dessa beror inte integralen av integrationsvägen. Eftesom k är begränsad så blir G kontinuerlig i $\overline{\Omega}$ med samma definition.

Ekvationen $\partial G/\partial z = k(z)$ medför $\partial \overline{G}/\partial \overline{z} = \overline{k(z)}$ så det följer av Lemma I.3 att

$$\frac{\partial}{\partial \overline{z}}(F(z) + \pi\overline{G(z)}) = 0$$

då $z \in \Omega$. Sätt

$$H(z) = F(z) + \pi\overline{G(z)}, \quad z \in \overline{\Omega}.$$

Här är H analytisk i Ω och kontinuerlig i $\overline{\Omega}$. Av (I.13) följer att $F(z) = (w - z)^{-1}$ då z ligger på randen till Ω, alltså

$$H(z) = \frac{1}{w - z} + \pi\overline{G(z)}, \quad \text{då } z \in \partial\Omega.$$

Nu är

$$\Phi(z) = G(z)\left(H(z) - \frac{1}{w - z}\right)$$

analytisk i Ω eftersom $G(w) = 0$, och vi har

$$\Phi(w) = G'(w) = K(w, w) \quad \text{och} \quad \Phi(z) = \pi|G(z)|^2 \text{ då } z \in \partial\Omega.$$

Imaginärdelen av Φ är alltså noll på $\partial\Omega$, så maximumprincipen för harmoniska funktioner ger att $\text{Im } \Phi = 0$ i Ω. Därför måste Φ vara konstant och lika med $K(w, w)$, så vi har då $\partial\Omega$ att

$$|G(z)|^2 = \frac{K(w, w)}{\pi}.$$

Enligt maximumprincipen är därför

$$|G(z)| < \sqrt{\frac{K(w,w)}{\pi}} \quad \text{då} \quad z \in \Omega.$$

Nu har G bara nollstället w i Ω, för $G(z) = 0$ medför att $\Phi(z) = 0$ om $z \neq w$. Av Rouchés sats följer därför att ekvationen $G(z) - \zeta = 0$ för varje ζ med $|\zeta| < \sqrt{K(w,w)/\pi}$ har exakt en rot i Ω. Alltså är $z \to G(z)$ en konform avbildning av Ω på cirkelskivan

$$\{\zeta; \ |\zeta| < \sqrt{\frac{K(w,w)}{\pi}}\},$$

vilket bevisar Sats I.3. $\qquad\square$

Som förberedelse för beviset av Sats I.2 skall vi nu visa att (I.13) medför en utvidgning av (I.12).

Lemma I.4 Av (I.13) följer att
(I.14)
$$\iint_\Omega \overline{k(z)}\phi(z)d\lambda = \phi(w) + \frac{1}{\pi}\iint_\Omega (F(z) - \frac{1}{w-z})\frac{\partial\phi}{\partial\bar{z}}(z)d\lambda$$

för alla $\phi \in C^1(\mathbb{C})$.

Bevis. Låt $|z| < R$ då $z \in \overline{\Omega}$. Enligt (5.2) har vi då för $z \in \overline{\Omega}$

$$\phi(z) = -\frac{1}{2\pi i}\int_{|\eta|=R}\frac{\phi(\zeta)}{z-\zeta}d\zeta + \frac{1}{\pi}\iint_{|\zeta|<R}\frac{1}{z-\zeta}\frac{\partial\phi}{\partial\bar\zeta}(\zeta)d\lambda(\zeta).$$

Om vi multiplicerar med $\overline{k(z)}$ och integrerar över Ω samt subtraherar motsvarande formel med $z = w$ får vi att

$$\iint_\Omega \overline{k(z)}\phi(z)d\lambda(z) - \phi(w) = -\frac{1}{2\pi i}\int_{|\zeta|=R}\phi(\zeta)(F(\zeta) - \frac{1}{w-\zeta})d\zeta +$$

$$\frac{1}{\pi}\iint_{|\zeta|<R}\frac{\partial\phi}{\partial\bar\zeta}(\zeta)(F(\zeta) - \frac{1}{w-\zeta})d\lambda(\zeta).$$

Enligt (I.13) ger detta (I.14). $\qquad\square$

Formeln (I.14) uttrycker fullständigt sambandet mellan k och F. Vi ska nu utnyttja att k är analytisk:

Lemma I.5 Om $\psi \in C^1(\overline{\Omega})$ och $\psi = 0$ på $\partial\Omega$ så är

(I.15) $$\iint_\Omega \overline{k(z)}\frac{\partial\psi}{\partial z}(z)d\lambda(z) = 0.$$

Bevis. Om k ersätts av ett polynom p så följer detta av Sats 5.2 eftersom

$$p(z)\frac{\partial\overline{\psi}}{\partial\overline{z}} = \frac{\partial}{\partial\overline{z}}(p(z)\overline{\psi(z)}).$$

Med $p^N = \sum_1^N p_n(z)p_n(w)$ har vi att $||p^N - k|| \to 0$ då $N \to \infty$, alltså att

$$\iint_\Omega \overline{k(z) - p^N(z)}\frac{\partial\psi}{\partial z}(z)d\lambda(z) \to 0,$$

vilket bevisar lemmat. $\qquad\qquad\qquad\qquad\qquad\qquad\qquad\qquad$ □

Av beviset får vi också att om $\omega \subset\subset \Omega$ har C^1 rand så gäller att

(I.16) $$\iint_{\Omega\setminus\omega} \overline{k(z)}\frac{\partial\psi}{\partial z}(z)d\lambda(z) = \frac{i}{2}\int_{\partial\omega} \overline{k(z)}\psi(z)d\bar{z}.$$

Vi kan nu bevisa sats I.2.

Bevis (av sats I.2). Låt z_0 vara en punkt på randen $\partial\Omega$. Enligt antagande kan vi då finna en analytisk funktion χ nära 0 med $\chi'(0) \neq 0$ så att χ avbildar en omgivning till 0 på reella axeln på en omgivning till z_0 i $\partial\Omega$, med bibehållande av orienteringen. Genom att eventuellt ersätta $\chi(t)$ med $\chi(\epsilon t)$, där ϵ är ett litet positivt tal, så kan vi åstadkomma att χ är analytisk nära det slutna höljet av

$$T = \{t \in \mathbb{C}; |t| < 1\}$$

och χ har en analytisk invers χ^{-1} från $\chi(T)$ till T samt

$$\chi(T) \cap \Omega = \{\chi(t); t \in T, \operatorname{Im} t > o\}.$$

För $z \in \chi(T)$ definierar vi spegelbilden z^* genom

$$z^* = \chi(\overline{\chi^{-1}(z)}).$$

Då gäller alltså att $z^* \notin \Omega$ när $z \in \Omega \cap \chi(T)$, och avbildningen $z \to z^*$ är sammansättningen av tre konforma avbildningar, alltså konform (men inte orienteringsbevarande). Om u är harmonisk i $\chi(T) \cap \complement\Omega$ så är därför $z \to u(z^*)$ harmonisk i $\chi(T) \cap \Omega$.

Låt nu $\rho \in C^2(\chi(T))$ vara lika med 1 i en öppen omgivning V_0 till z_0 som är symmetrisk under den nyss definierade speglingen och noll nära randen. Då $\zeta \in V_0 \cap \Omega$ har vi $F(\zeta) = F_1(\zeta) + F_2(\zeta)$ där

$$F_1(\zeta) = \iint_\Omega (1 - \rho(z)) \frac{\overline{k(z)}}{z - \zeta} d\lambda(z)$$

är en analytisk funktion i V_0 och

$$F_2(\zeta) = \iint_\Omega \rho(z) \frac{\overline{k(z)}}{z - \zeta} d\lambda(z).$$

Sätt

$$\psi(z) = \begin{cases} 2\rho(z) \log \frac{|z - \zeta|}{|z^* - \zeta|} & \text{då} \quad z \in \chi(T), \\ 0 & \text{då} \quad z \notin \chi(T). \end{cases}$$

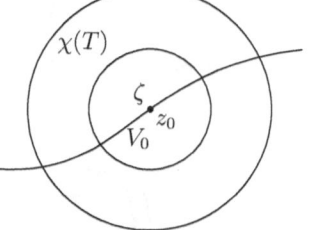

Då är $\psi = 0$ på $\partial\Omega$, för $z^* = z$ om $z \in \partial\Omega$. Om vi använder (I.16) med

$$\omega = \{z; |z - \zeta| < \epsilon\}$$

och låter $\epsilon \to 0$ så får vi, eftersom $\frac{\partial}{\partial z} \log |z - \zeta| = 1/(2(z - \zeta))$, att

$$0 = \iint_\Omega \overline{k(z)} \frac{\partial\psi}{\partial z}(z) d\lambda(z) = \iint_\Omega \rho(z) \frac{\overline{k(z)}}{z - \zeta} d\lambda(z) +$$

$$2 \iint_\Omega \frac{\partial\rho}{\partial z}(z)\overline{k(z)} \log \frac{|z - \zeta|}{|z^* - \zeta|} d\lambda(z) - 2 \iint_\Omega \rho(z)\overline{k(z)} \frac{\partial}{\partial z} \log |z^* - \zeta| d\lambda(z).$$

I den sista termen använder vi (I.14). Vi kan anta att $\rho(w) = 0$. Eftersom $z \to \log |z - \zeta|$ är harmonisk utanför Ω har vi

$$\frac{\partial^2}{\partial z \partial \bar{z}} \log |z^* - \zeta| = 0 \quad \text{i} \quad \Omega \cap \chi(T)$$

så vi får

$$F_2(\zeta) = -2 \iint_\Omega \frac{\partial\rho}{\partial z}\overline{k(z)} \log \frac{|z - \zeta|}{|z^* - \zeta|} d\lambda(z) +$$

$$\frac{2}{\pi} \iint_\Omega \frac{\partial\rho}{\partial \bar{z}}(z) \left(\frac{\partial}{\partial z} \log |z^* - \zeta| \right) \left(F(z) - \frac{1}{w - z} \right) d\lambda(z).$$

Det betyder att F_2 är en harmonisk funktion av ζ då $\zeta \in V_0$, för integrationen går bara över $z \in \Omega \cap V_0^c$ och integranden är då en harmonisk funktion av $\zeta \in V_0$. Alltså är $F_1 + F_2$ harmonisk i V_0 och lika med F i $V_0 \cap \Omega$, så

$$-\frac{1}{\pi}\frac{\partial}{\partial \zeta}\left(\overline{F_1(\zeta) + F_2(\zeta)}\right)$$

är lika med k i $V_0 \cap \Omega$ (se Lemma I.3) och analytisk i V_0, vilket fullbordar beviset av sats I.2.   □

Anmärkning Beviset kan anpassas till fallet av en rand med lägre regularitet. Antag till exempel att $\partial\Omega \in C^6$. En omgivning inom $\partial\Omega$ till en godtycklig punkt $z_0 \in \partial\Omega$ kan då parametriseras med en C^6 avbildning

$$(-1,1) \ni t \to \chi(t) \in \partial\Omega, \quad \chi'(0) \neq 0.$$

Vi utvidgar χ till komplexa argument genom att sätta

$$\chi(t + is) = \sum_0^3 \chi^{(j)}(t)\frac{(is)^j}{j!}, \quad -1 < t < 1, \quad -1 < s < 1,$$

vilket ger $\chi \in C^3$ och

$$\left(\frac{\partial}{\partial t} + i\frac{\partial}{\partial s}\right)\chi(t + is) = \chi^{(4)}(t)\frac{(is)^3}{3!} = O(s^3).$$

(Man kan minska regularitetsförutsättningarna genom att förbättra denna konstruktion.) Då uppför sig χ på reella axeln approximativt som en konform avbildning. Inversa funktionssatsen ger en invers $\chi^{-1} \in C^3$ i en omgivning av z_0 för vilken

$$\frac{\partial \chi^{-1}}{\partial \bar{z}} = O(d(z)^3).$$

Om nu u är en C^2 funktion i $\mathbb{C}$ och $v = u \circ \chi$ så ger en enkel räkning

$$(\Delta u) \circ \chi = \left|\frac{\partial \psi}{\partial t}\right|^{-2}\left(\Delta v + \sum_{0 < |\alpha| \leq 2} a_\alpha \partial^\alpha v\right)$$

där $a_\alpha = O(|\operatorname{Im} t|^{1+|\alpha|})$. (Här är $|\alpha|$ derivationsordningen.) Om man definierar z^* som förut så får man vi inte längre $\Delta_z \log |z^* -$

$\zeta| = 0$, men väl

$$\Delta_z \log |z^* - \zeta| = O(d(z)),$$

och första derivatorna med avseende på ζ är också begränsade. Det följer därför att $k = \partial F/\partial\bar{\zeta}$ är begränsad i V_0 och det räcker för att man skall kunna tillämpa sats I.3. Om man har högre regularitet för randen så får man högre regularitet för den konforma avbildningen. För att få precisa resultat måste man emellertid som redan antytts förbättra föregående konstruktion något.

www.ingramcontent.com/pod-product-compliance
Lightning Source LLC
Chambersburg PA
CBHW032001170526
45157CB00002B/497

* 9 7 8 1 4 4 7 8 0 7 9 9 5 *